中学教科書ワーク

定期テスト対

JN099477

スピード
チェック

教科書の
公式&解法マスター

数学 2 年

＼付属の赤シートを
使ってね！／

教育出版版

1節　式の計算（1）

☑ **1** $3a$, $-5xy$, a^2b などのように，項が1つだけの式（数や文字の積の形だけでつくられた式）を〔 **単項式** 〕という。

☑ **2** $2a-3$, $4x^2+3xy-5$ などのように，項が2つ以上ある式（単項式の和の形で表された式）を〔 **多項式** 〕という。

　例 多項式 $4a-5b+3$ の項は，〔 **$4a$，$-5b$，3** 〕

☑ **3** 単項式でかけ合わされている文字の個数を，その式の〔 **次数** 〕という。

　例 単項式 $-4xy$ の次数は〔 **2** 〕，単項式 $5a^2b$ の次数は〔 **3** 〕

☑ **4** 多項式では，次数の最も大きい項の次数を，その式の〔 **次数** 〕といい，次数が1の式を〔 **1次式** 〕，次数が2の式を〔 **2次式** 〕という。

　例 多項式 a^2-3a+5 は，〔 **2** 〕次式

　　　多項式 x^3-4x^2+2x-3 は，〔 **3** 〕次式

☑ **5** 文字の部分が同じである項を〔 **同類項** 〕という。

　x^2 と $2x$ は，文字が同じでも次数が〔 **違う** 〕ので同類項ではない。

　例 $2a+3b-4a-3$ で，同類項は〔 **$2a$** 〕と〔 **$-4a$** 〕

☑ **6** 同類項は，分配法則 $ax+bx=(a+〔\ b\ 〕)x$ を使って，1つの項にまとめることができる。

　例 $5x-3-2x-4$ の同類項をまとめると，〔 **$3x-7$** 〕

　　　$3a-4b-2a+b$ の同類項をまとめると，〔 **$a-3b$** 〕

☑ **7** 多項式の加法は，すべての項を加えて，〔 **同類項** 〕をまとめる。

　例 $(a+b)+(2a-3b)=$〔 **$3a-2b$** 〕

　　　$(2x-7y)+(3x+4y)=$〔 **$5x-3y$** 〕

☑ **8** 多項式の減法は，ひく式の各項の〔 **符号** 〕を変えて，すべての項を加える。

　例 $(3x+4y)-(x+y)=$〔 **$2x+3y$** 〕

　　　$(5a-9b)-(3a-4b)=$〔 **$2a-5b$** 〕

スピードチェック

1章 式の計算
1節 式の計算 (2)
2節 式の活用

☑ **1** 多項式と数の乗法は，分配法則 $a(b+c)=ab+$ 〔 ac 〕 を使って
計算する。 **例** $3(2a+5b)=$ 〔 $6a+15b$ 〕

☑ **2** 多項式を数でわる除法は，わる数を 〔 逆数 〕 にしてかけるか，
分数の形にして計算する。 **例** $(12x-28y)÷4=$ 〔 $3x-7y$ 〕

☑ **3** 単項式どうしの乗法は，係数の積に 〔 文字 〕 の積をかける。
例 $(-4a)×(-5b)=$ 〔 $20ab$ 〕

☑ **4** 単項式どうしの除法は，分数の形にして 〔 約分 〕 するか，
除法を 〔 乗法 〕 に直して計算する。 **例** $(-8xy)÷2y=$ 〔 $-4x$ 〕

☑ **5** 乗法と除法が混じった式の計算は，全体を 1 つの分数の形にして
〔 約分 〕 する。 **例** $a^2b÷ab^2×2b=\dfrac{a^2b×2b}{ab^2}=$ 〔 $2a$ 〕

☑ **6** 式の値を求めるとき，式を簡単にしてから数を 〔 代入 〕 すると，
計算しやすいことがある。
例 $a=2$，$b=3$ のとき，$-9ab^2÷3ab$ の値を求めると，〔 -9 〕

☑ **7** m，n を整数とすると，偶数は 〔 $2m$ 〕，奇数は 〔 $2n+1$ 〕 と表される。
2 桁の自然数の十の位の数を x，一の位の数を y とすると，この自然数は
〔 $10x+y$ 〕 と表される。また，$a×$(整数)は，a の 〔 倍数 〕 である。

☑ **8** n を整数とすると，連続する 3 つの整数は，
n，〔 $n+1$ 〕，$n+2$ または 〔 $n-1$ 〕，n，$n+1$ と表される。
例 連続する 3 つの整数のうち，真ん中の数を n として，この 3 つの整数
の和を n を使って表すと，$(n-1)+n+(n+1)=$ 〔 $3n$ 〕

☑ **9** x，y についての等式を変形して，x の値を求める等式を導くことを，
等式を x について 〔 解く 〕 という。
例 $2x+y=3$ を y について解くと，〔 $y=3-2x$ 〕
$m=\dfrac{a+b}{2}$ を a について解くと，〔 $a=2m-b$ 〕

スピードチェック

2章 連立方程式
1節 連立方程式とその解き方 (1)

☑ **1** 2つの文字をふくむ1次方程式を 〔 2元 〕1次方程式といい，2元1次

方程式を成り立たせる2つの文字の値の組を，その方程式の 〔 解 〕 という。

例 2元1次方程式 $3x+y=9$ について，$x=2$ のときの y の値は 〔 $y=3$ 〕

2元1次方程式 $2x+y=13$ について，$y=5$ のときの x の値は 〔 $x=4$ 〕

☑ **2** 方程式を組にしたものを 〔 連立 〕 方程式という。また，これらの

方程式を両方とも成り立たせる文字の値の組を，その連立方程式の 〔 解 〕

といい，解を求めることを，その連立方程式を 〔 解く 〕 という。

例 $x=3$，$y=2$ は，連立方程式 $x+2y=7$，$2x+y=8$ の解と 〔 いえる 〕。

$x=1$，$y=3$ は，連立方程式 $x+2y=7$，$2x+y=6$ の解と 〔 いえない 〕。

☑ **3** 文字 x，y をふくむ連立方程式から，y をふくまない方程式をつくることを，

y を 〔 消去 〕 するという。連立方程式を解くには，2つの文字の

どちらか一方を 〔 消去 〕 して，文字が1つだけの方程式を導く。

☑ **4** 連立方程式の左辺どうし，右辺どうしを加えたりひいたりして，

1つの文字を消去して解く方法を 〔 加減法 〕 という。

例 連立方程式 $\begin{cases} x+3y=4 \\ x+2y=3 \end{cases}$ を加減法で解くと，〔 $x=1$，$y=1$ 〕

☑ **5** **例** 連立方程式 $5x+2y=12\cdots①$，$2x+y=5\cdots②$ を加減法で解くと，

②$\times2$ は $4x+2y=10$ で，① $-$ ②$\times2$ より，〔 $x=2$ 〕 ②より，〔 $y=1$ 〕

☑ **6** 連立方程式の一方の式を他方の式に代入することによって，

1つの文字を消去して解く方法を 〔 代入法 〕 という。

例 連立方程式 $\begin{cases} x+2y=5 \\ x=y+2 \end{cases}$ を代入法で解くと，〔 $x=3$，$y=1$ 〕

☑ **7** **例** 連立方程式 $x=y-1\cdots①$，$y=2x-1\cdots②$ を代入法で解くと，

②を①に代入して $x=(2x-1)-1$ より，〔 $x=2$ 〕 ②より，〔 $y=3$ 〕

スピードチェック

2章　連立方程式
1節　連立方程式とその解き方（2）
2節　連立方程式の活用

☑ 1　かっこをふくむ連立方程式は，〔 かっこ 〕をはずして整理してから解く。

例 連立方程式 $x+2y=9\cdots①$, $5x-3(x+y)=4\cdots②$ について，

②をかっこをはずして整理すると，〔 $2x-3y=4$ 〕

☑ 2　係数に分数がある連立方程式は，両辺に分母の〔 最小公倍数 〕をかけて，

係数をすべて整数にしてから解く。

例 連立方程式 $x+2y=12\cdots①$, $\frac{1}{2}x+\frac{1}{3}y=4\cdots②$ について，

②を係数が整数になるように変形すると，〔 $3x+2y=24$ 〕

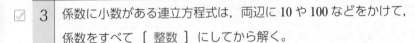

☑ 3　係数に小数がある連立方程式は，両辺に 10 や 100 などをかけて，

係数をすべて〔 整数 〕にしてから解く。

例 連立方程式 $x+2y=-2\cdots①$, $0.1x+0.06y=0.15\cdots②$ について，

②を係数が整数になるように変形すると，〔 $10x+6y=15$ 〕

☑ 4　$A=B=C$ の形の方程式は，次の組み合わせをつくって解く。

〔 $A=B$, $B=C$ 〕 または 〔 $A=B$, $A=C$ 〕 または 〔 $A=C$, $B=C$ 〕

例 連立方程式 $x+2y=3x-4y=7$（$A=B=C$ の形）について，

$A=C$, $B=C$ の形の連立方程式をつくると，〔 $x+2y=7$, $3x-4y=7$ 〕

☑ 5　**例** 連立方程式 $ax+by=5$, $bx+ay=7$ の解が $x=2$, $y=1$ のとき，

a, b についての連立方程式をつくると，〔 $2a+b=5$, $2b+a=7$ 〕

☑ 6　**例** 50 円のガムと 80 円のガムを合わせて 15 個買い，900 円払った。

50 円のガムを x 個，80 円のガムを y 個として，連立方程式をつくると，

〔 $x+y=15$, $50x+80y=900$ 〕

☑ 7　速さ，時間，道のりについて，（道のり）＝（速さ）×（〔 時間 〕）

例 17 km の山道を，峠まで時速 3 km，峠から時速 4 km で歩き，全体で

5 時間かかった。峠まで x km，峠から y km として，連立方程式を

つくると，〔 $x+y=17$, $\frac{x}{3}+\frac{y}{4}=5$ 〕

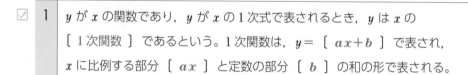

3章　1次関数
1節　1次関数（1）

☑ 1　y が x の関数であり，y が x の1次式で表されるとき，y は x の
〔 1次関数 〕であるという。1次関数は，$y=$〔 $ax+b$ 〕で表され，
x に比例する部分〔 ax 〕と定数の部分〔 b 〕の和の形で表される。

☑ 2　例 1個 120 円のりんご x 個を 100 円の箱につめてもらったときの代金が
y 円のとき，y を x の式で表すと，〔 $y=120x+100$ 〕
例 水が 15L 入っている水そうから，x L の水をくみ出すと y L の水が
残るとき，y を x の式で表すと，〔 $y=-x+15$ 〕

☑ 3　1次関数 $y=ax+b$ では，x の値が1ずつ
増加すると，y の値は〔 a 〕ずつ増加する。
例 1次関数 $y=3x+4$ では，x の値が1ずつ
増加すると，y の値は〔 3 〕ずつ増加する。

☑ 4　x の増加量に対する y の増加量の割合を〔 変化の割合 〕という。
1次関数 $y=ax+b$ では，（変化の割合）$=\dfrac{（y \text{ の増加量}）}{（x \text{ の増加量}）}=$〔 a 〕
例 1次関数 $y=4x-3$ で，この関数の変化の割合は，〔 4 〕
1次関数 $y=2x+1$ で，x の増加量が3のときの y の増加量は，〔 6 〕

☑ 5　1次関数 $y=ax+b$ のグラフは，$y=ax$ のグラフに〔 平行 〕で，
点（0，〔 b 〕）を通る直線であり，傾きが〔 a 〕，切片が〔 b 〕である。
例 1次関数 $y=-2x+3$ のグラフの傾きは〔 -2 〕，切片は〔 3 〕

☑ 6　1次関数 $y=ax+b$ のグラフは，$a>0$ なら〔 右上がり 〕の直線であり，
$a<0$ なら〔 右下がり 〕の直線である。
例 1次関数 $y=-3x+1$ のグラフは，〔 右下がり 〕の直線である。

☑ 7　例 1次関数 $y=3x-1$ では，x の変域が $0 \leqq x < 2$ のときの y の変域は，
$x=0$ のとき $y=$〔 -1 〕，$x=2$ のとき $y=$〔 5 〕より，〔 $-1 \leqq y < 5$ 〕

☑ **1**　1点の座標（1組の x，y の値）と傾き（変化の割合）がわかっているときは，

　　直線の式を $y=ax+b$ と表し，a に ［ 傾き（変化の割合）］ をあてはめ，

　　さらに，［ 1点の座標（1組の x，y の値）］ を代入し，b の値を求める。

☑ **2**　**例** 点 $(2, 4)$ を通り，傾きが3の直線の式を求めると，傾きは3で，

　　　　$y=3x+b$ という式になるから，この式に $x=2$，$y=4$ を代入して，

　　　　$4=3×2+b$ より，［ $b=-2$ ］　　　よって，［ $y=3x-2$ ］

☑ **3**　2点の座標（2組の x，y の値）がわかっているときは，

　　直線の式を $y=ax+b$ と表し，まず，傾き（変化の割合）a を求め，

　　次に，［ 1点の座標（1組の x，y の値）］ を代入し，b の値を求める。

☑ **4**　**例** 2点 $(1, 3)$，$(4, 9)$ を通る直線の式を求めると，

　　　　傾きは $\dfrac{9-3}{4-1}=2$ で，$y=2x+b$ という式になるから，$x=1$，$y=3$

　　　　を代入して，$3=2×1+b$ より，［ $b=1$ ］　　　よって，［ $y=2x+1$ ］

☑ **5**　方程式 $ax+by=c$ のグラフは ［ 直線 ］ であり，このグラフを

　　かくには，この方程式を ［ y ］ について解き，傾きと切片を求める。

　　　　例 方程式 $2x+y=5$ のグラフについて，傾きと切片を求めると，

　　　　$y=-2x+5$ と変形できることから，傾きは ［ -2 ］，切片は ［ 5 ］

☑ **6**　方程式 $ax+by=c$ のグラフをかくには，$x=0$ や $y=0$ の

　　ときに通る2点 $\left(0, \dfrac{[c]}{[b]}\right)$，$\left(\dfrac{c}{[a]}, 0\right)$ を求めてもよい。

　　　　例 方程式 $3x+2y=6$ のグラフは，$x=0$ とすると $y=3$，

　　　　$y=0$ とすると $x=2$ だから，2点 $(0, [3])$，$([2], 0)$ を通る。

☑ **7**　方程式 $ax+by=c$ のグラフについて，

　　$a=0$ のとき，すなわち，$y=k$ のグラフは，x 軸に ［ 平行 ］ な直線。

　　$b=0$ のとき，すなわち，$x=h$ のグラフは，y 軸に ［ 平行 ］ な直線。

　　　　例 方程式 $2y=8$ のグラフは，点 $(0, [4])$ を通り，［ x ］ 軸に平行な直線。

スピードチェック

3章　1次関数
2節　1次関数と方程式（2）
3節　1次関数の活用

☑ **1** x, y についての連立方程式の解は，それぞれの方程式のグラフの

交点の 〔 x 〕 座標，〔 y 〕 座標の組である。

☑ **2** 2直線の交点の座標は，2つの直線の式を組にした 〔 連立方程式 〕 を

解いて求めることができる。

例 2直線 $y=x$ …①，$y=2x-1$ …② の交点の座標を求めると，

①を②に代入して，$x=$〔 1 〕，$y=$〔 1 〕　よって，（〔 1 〕，〔 1 〕）

例 2直線 $3x+y=5$ …①，$2x+y=3$ …② の交点の座標を求めると，

①−②より，$x=$〔 2 〕　②より，$y=$〔 −1 〕　よって，（〔 2 〕，〔 −1 〕）

☑ **3** 2直線が平行のとき，2直線の式を組にした連立方程式の解は 〔 ない 〕。

2直線が一致するとき，2直線の式を組にした連立方程式の解は 〔 無数 〕。

例 2直線 $2x-y=3$，$4x-2y=1$ の関係は，

2直線の傾きが 〔 等しく 〕，切片が 〔 違う 〕 ので，〔 平行 〕 になる。

☑ **4** 1次関数を利用して問題を解くには，まず $y=$ 〔 $ax+b$ 〕 の形に表す。

例 長さ20cmのばねに40gのおもりをつるすと，ばねは24cmになった。

おもりを xg，ばねを $y$cm として，y を x の式で表すと，

$y=ax+20$ という式になるから，$x=40$，$y=24$ を代入して，

$24=a×40+20$ より，〔 $a=0.1$ 〕　　よって，〔 $y=0.1x+20$ 〕

☑ **5** 1次関数を利用して図形の問題を解くときは，

$x≧0$，$y≧0$ などの 〔 変域 〕 に注意する。

例 1辺が6cmの正方形 ABCD で，

点Pが辺 AB 上をAから $x$cm 動くとき，

△APD の面積を $y$cm² として，y を x の式で表すと，

（△APD の面積）＝（AD の長さ）×（AP の長さ）÷2 だから，

$y=6×x÷2$ （$0≦x≦$ 〔 6 〕）　　よって，〔 $y=3x$ （$0≦x≦6$） 〕

4章　平行と合同
1節　平行線と角（1）

☑ **1** 2直線が交わるとき，向かい合っている2つの角を〔 対頂角 〕という。

対頂角は〔 等しい 〕。

例 右の図では，∠a =〔 60° 〕，∠b =〔 120° 〕，

∠c =〔 60° 〕

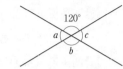

☑ **2** 2直線に1つの直線が交わるとき，

2直線が平行ならば，〔 同位角 〕，〔 錯角 〕

は等しい。

例 右の図では，∠a =〔 50° 〕，

∠b =〔 50° 〕，∠c =〔 130° 〕，

∠d =〔 50° 〕，∠e =〔 130° 〕

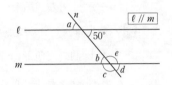

☑ **3** 2直線に1つの直線が交わるとき，〔 同位角 〕または〔 錯角 〕が

等しければ，その2直線は平行である。

例 右の図の直線のうち，平行である

ものを，記号 // を使って表すと，

〔 a 〕 // 〔 c 〕，

〔 b 〕 // 〔 d 〕

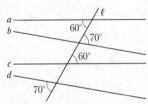

☑ **4** 多角形で，内部の角を〔 内角 〕といい，1つの辺とその隣の辺の

延長とがつくる角を，その頂点における〔 外角 〕という。

☑ **5** 三角形の内角の和は〔 180° 〕である。

例 △ABC で，∠A＝35°，∠B＝65°のとき，

∠C の大きさは，〔 80° 〕

三角形の外角は，それと隣り合わない2つの

〔 内角 〕の和に等しい。

例 △ABC で，∠A＝60°，頂点 B の外角が130°のとき，

∠C ＝〔 70° 〕

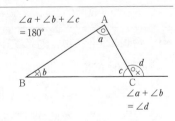

4章　平行と合同
1節　平行線と角（2）
2節　合同と証明（1）

☑ **1** 四角形の内角の和は〔 360° 〕である。

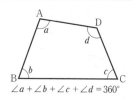

∠a＋∠b＋∠c＋∠d＝360°

例 四角形 ABCD で，∠A＝70°，∠B＝80°，

∠C＝90°のとき，∠D の大きさは，〔 120° 〕

例 四角形 ABCD で，∠A＝70°，∠B＝80°，

頂点 C における外角が80°のとき，∠D の大きさは，〔 110° 〕

☑ **2** n 角形は，1つの頂点からひいた対角線によって，

（〔 $n-2$ 〕）個の三角形に分けられる。

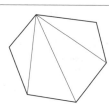

例 六角形は，1つの頂点からひいた対角線によって，

〔 4 〕個の三角形に分けられる。

☑ **3** n 角形の内角の和は〔 $180°×(n-2)$ 〕である。

例 六角形の内角の和は，$180°×(6-2)＝$〔 720° 〕

正六角形の1つの内角の大きさは，$720°÷6＝$〔 120° 〕

☑ **4** 多角形の外角の和は〔 360° 〕である。

例 正六角形の1つの外角の大きさは，$360°÷6＝$〔 60° 〕

1つの外角が40°である正多角形は，$360°÷40°＝$〔 9 〕より，〔 正九角形 〕

☑ **5** 右の図で，∠a＋∠b＋∠c＝∠〔 x 〕である。

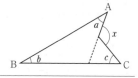

例 右の図で，∠a＝40°，∠b＝30°，

∠c＝50°のとき，∠x＝〔 120° 〕

☑ **6** 合同な図形では，対応する線分の長さや角の大きさはそれぞれ〔 等しい 〕。

四角形 ABCD と四角形 EFGH が合同であることを，記号≡を使って，

〔 四角形 ABCD 〕≡〔 四角形 EFGH 〕と表す。

合同の記号≡を使うときは，対応する〔 頂点 〕を同じ順に書く。

例 △ABC ≡△DEF であるとき，

∠B に対応する角は，〔 ∠E 〕　　辺 AC に対応する辺は，〔 辺 DF 〕

4章 平行と合同
2節 合同と証明 (2)

☑ 1　2つの三角形は，〔 3 〕組の辺がそれぞれ

等しいとき，合同である。

例 AB＝DE，AC＝DF，〔 BC 〕＝〔 EF 〕

のとき，△ABC ≡△DEF となる。

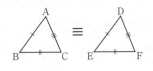

☑ 2　2つの三角形は，2組の辺と〔 その間 〕

の角がそれぞれ等しいとき，合同である。

例 AB＝DE，BC＝EF，∠〔 B 〕＝∠〔 E 〕

のとき，△ABC ≡△DEF となる。

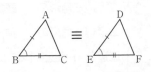

☑ 3　2つの三角形は，1組の辺と〔 その両端 〕

の角がそれぞれ等しいとき，合同である。

例〔 BC 〕＝〔 EF 〕，∠B＝∠E，∠C＝∠F

のとき，△ABC ≡△DEF となる。

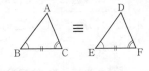

☑ 4　あることがらが成り立つことを，すでに正しいと認められたことがらを

根拠として，筋道を立てて示すことを〔 証明 〕という。

☑ 5　「○○○ ならば □□□」と表したとき，○○○ の部分を〔 仮定 〕，

□□□ の部分を〔 結論 〕という。

例「x が9の倍数ならば x は3の倍数である。」について，

仮定は〔 x が9の倍数 〕，結論は〔 x は3の倍数 〕

例「四角形の内角の和は360°である。」について，

仮定は〔 ある多角形が四角形 〕，

結論は〔 その四角形の内角の和は360° 〕

☑ 6　証明の手順は，〔 仮定 〕から出発し，すでに正しいと認められた

ことがらを根拠として使って，〔 結論 〕を導く。

例「△ABC ≡△DEF ならば AB＝DE」について，仮定から結論を導く

根拠となっていることがらは，〔 合同な図形の対応する辺は等しい 〕。

5章 三角形と四角形
1節 三角形 (1)

☑ **1** 用語の意味をはっきりと述べたものを，その用語の 〔 定義 〕 という。

証明されたことがらのうち，よく使われるものを 〔 定理 〕 という。

☑ **2** 二等辺三角形で，長さの等しい2辺の間の角を 〔 頂角 〕，

頂角に対する辺を 〔 底辺 〕，底辺の両端の角を 〔 底角 〕 という。

☑ **3** 二等辺三角形の 〔 底角 〕 は等しい。

二等辺三角形の 〔 頂角 〕 の二等分線は，

底辺を 〔 垂直 〕 に2等分する。

例 二等辺三角形で，頂角が80°のとき，底角は 〔 50° 〕

二等辺三角形で，底角が55°のとき，頂角は 〔 70° 〕

☑ **4** 2つの角が等しい三角形は，それらの角を底角とする 〔 二等辺 〕 三角形
である。

例 ある三角形が二等辺三角形であることを証明するには，

〔 2 〕 つの辺または 〔 2 〕 つの角が等しいことを示せばよい。

☑ **5** 仮定と結論を入れかえたことがらを，もとのことがらの 〔 逆 〕 という。

あることがらが成り立たない例を 〔 反例 〕 という。あることがらが

正しくないことを示すには，反例を 〔 1つ 〕 あげればよい。

例 「$x=1$，$y=2$ ならば $x+y=3$ である。」について，この逆は，

「〔 $x+y=3$ ならば $x=1$，$y=2$ である。〕」 これは，〔 正しくない 〕。

例 「3つの角が等しい三角形は正三角形である。」について，この逆は，

「〔 正三角形ならば3つの角が等しい。〕」 これは，〔 正しい 〕。

☑ **6** 3つの内角がすべて 〔 鋭角 〕 (0°より大きく90°より小さい角)である

三角形を 〔 鋭角 〕 三角形といい，1つの内角が 〔 鈍角 〕 (90°より

大きく180°より小さい角)である三角形を 〔 鈍角 〕 三角形という。

例 2つの角が30°，50°である三角形は，〔 鈍角 〕 三角形。

2つの角が45°，90°である三角形は，〔 直角二等辺 〕 三角形。

5章　三角形と四角形
1節　三角形 (2)
2節　四角形 (1)

☑ **1** 直角三角形で，直角に対する辺を〔 斜辺 〕という。

2つの直角三角形は，斜辺と1つの〔 鋭角 〕が

それぞれ等しいとき，合同である。

例 ∠C＝∠F＝90°，∠A＝∠D，

〔 AB 〕＝〔 DE 〕のとき，△ABC ≡ △DEF となる。

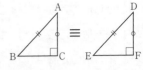

☑ **2** 2つの直角三角形は，斜辺と他の〔 1辺 〕が

それぞれ等しいとき，合同である。

例 ∠C＝∠F＝90°，AC＝DF，

〔 AB 〕＝〔 DE 〕のとき，△ABC ≡ △DEF となる。

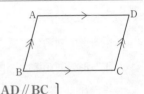

☑ **3** 平行四辺形の定義は，「2組の〔 対辺 〕が

それぞれ〔 平行 〕な四角形」である。

例 ▱ABCD について，2組の対辺がそれぞれ

平行であることを，式で表すと，〔 AB∥DC, AD∥BC 〕

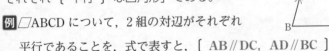

☑ **4** 平行四辺形では，2組の対辺または2組の対角はそれぞれ〔 等しい 〕。

例 ▱ABCD について，2組の対角が

それぞれ等しいことを，式で表すと，

〔 ∠A＝∠C, ∠B＝∠D 〕

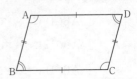

☑ **5** 平行四辺形では，対角線はそれぞれの〔 中点 〕で交わる。

例 ▱ABCD の対角線の交点を O とするとき，

対角線がそれぞれの中点で交わることを，

式で表すと，〔 AO＝CO, BO＝DO 〕

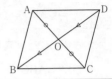

☑ **6** **例** ▱ABCD で，∠A＝120°のとき，∠B＝〔 60° 〕

例 ▱ABCD で，対角線 BD をひくとき，

∠ABD と大きさの等しい角は，〔 ∠CDB 〕

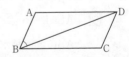

5章　三角形と四角形
2節　四角形（2）
3節　三角形と四角形の活用

☑ **1** 2組の〔 対辺 〕がそれぞれ平行である四角形は，平行四辺形である。

2組の〔 対辺 〕または2組の〔 対角 〕がそれぞれ等しい四角形は，平行四辺形である。

対角線がそれぞれの〔 中点 〕で交わる四角形は，平行四辺形である。

1組の対辺が〔 平行 〕で長さが等しい四角形は，平行四辺形である。

☑ **2** ひし形の定義は，「4つの〔 辺 〕が等しい四角形」である。

長方形の定義は，「4つの〔 角 〕が等しい四角形」である。

正方形の定義は，「4つの〔 辺 〕が等しく，4つの〔 角 〕が等しい四角形」である。正方形は，ひし形でもあり，長方形でもある。

☑ **3** ひし形の対角線は〔 垂直 〕に交わる。

長方形の対角線の長さは〔 等しい 〕。

正方形の対角線は，〔 垂直 〕に交わり，

長さが〔 等しい 〕。

☑ **4** **例**▱ABCD について，　AB＝BC ならば，〔 ひし形 〕になる。

▱ABCD について，∠A＝∠B ならば，〔 長方形 〕になる。

▱ABCD について，　AC⊥BD ならば，〔 ひし形 〕になる。

▱ABCD について，　AC＝BD ならば，〔 長方形 〕になる。

正方形 ABCD の対角線の交点を O とするとき，

△OAB は〔 直角二等辺 〕三角形である。

☑ **5** 底辺 BC を共有し，BC に平行な直線上に頂点をもつ△ABC，△A′BC，△A″BC の面積は，

△ABC〔 ＝ 〕△A′BC〔 ＝ 〕△A″BC

例▱ABCD で，2つの対角線をひくとき，

△ABC と面積が等しい三角形は，〔 **△ABD，△ACD，△BCD** 〕

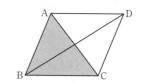

6章　確率
1節　確率

☑ 1　あることがらの起こりやすさの程度を表す値を，そのことがらの起こる
　　　〔 確率 〕という。
　　　確率を計算によって求める場合は，目の出方，表と裏の出方，数の出方
　　　などは同様に 〔 確からしい 〕ものとして考える。

☑ 2　起こりうるすべての場合が n 通りあり，ことがら A が起こる場合が
　　　a 通りあるとき，ことがら A の起こる確率 p は，$p = \dfrac{[\ a\ ]}{[\ n\ ]}$
　　　あることがらが起こる確率 p の範囲は 〔 0 〕 $\leqq p \leqq$ 〔 1 〕
　　　必ず起こることがらの確率は 〔 1 〕であるから，
　　　(A が起こらない確率) ＝ 〔 1 〕 −(A が起こる確率) である。

☑ 3　起こりうるすべての場合を整理してかき出すときは，〔 樹形 〕図を使う。

☑ 4　例 2枚の100円硬貨を投げるとき，表と裏の出方は全部で 〔 4 〕通り。

☑ 5　例 1個のさいころを1回投げるとき，
　　　2の目が出る確率は，$\left[\ \dfrac{1}{6}\ \right]$　　　奇数の目が出る確率は，$\left[\ \dfrac{1}{2}\ \right]$

☑ 6　例 4本の当たりくじが入っている20本のくじから1本引くとき，
　　　当たりくじを引く確率は，$\left[\ \dfrac{1}{5}\ \right]$　　　はずれくじを引く確率は，$\left[\ \dfrac{4}{5}\ \right]$

☑ 7　例 2枚の100円硬貨を投げるとき，2枚とも表が出る確率は，$\left[\ \dfrac{1}{4}\ \right]$
　　　1枚は表が出て1枚は裏が出る確率は，$\left[\ \dfrac{1}{2}\ \right]$

☑ 8　例 A，B，C，Dの4人から班長と副班長を選ぶとき，
　　　選び方は全部で 〔 12 〕通りで，
　　　AかBが班長に選ばれる確率は，$\left[\ \dfrac{1}{2}\ \right]$

```
班長  副班長
       B
A <    C
       D
```

☑ 9　例 A，B，C，D，Eの5チームから2チームを選ぶとき，
　　　選び方は全部で 〔 10 〕通りで，
　　　AまたはBが選ばれる確率は，$\left[\ \dfrac{7}{10}\ \right]$

```
       B
       C
A <    D
       E
```

7章　データの分析
1節　データの散らばり
2節　データの活用

☑ **1** 小さい順に並べたデータの個数が偶数 $(2n)$ のとき，それぞれの四分位数は下のようになる。

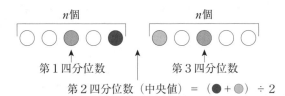

n個　　　　　　n個

第1四分位数　　　　　第3四分位数

第2四分位数（中央値）＝（● + ●）÷ 2

> 第1四分位数，第3四分位数はそれぞれ前半部分と後半部分のデータの中央値である。

例 次の6つのデータがある。

6　8　10　16　18　20

このデータの最小値は〔 6 〕，最大値は〔 20 〕，

第1四分位数は〔 8 〕，第2四分位数は〔 13 〕，第3四分位数は〔 18 〕

四分位範囲は，（第3四分位数）−（第1四分位数）＝〔 10 〕

☑ **2** 小さい順に並べたデータの個数が奇数 $(2n+1)$ のとき，それぞれの四分位数は下のようになる。

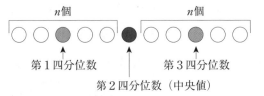

n個　　　　　　　　n個

第1四分位数　　　　　　　第3四分位数

第2四分位数（中央値）

例 次の7つのデータがある。

6　8　10　16　18　20　30

このデータの最小値は〔 6 〕，最大値は〔 30 〕，

第1四分位数は〔 8 〕，第2四分位数は〔 16 〕，第3四分位数は〔 20 〕

四分位範囲は，（第3四分位数）−（第1四分位数）＝〔 12 〕

☑ **3** 右のような箱ひげ図がある。
四分位数などが図のように
対応している。

最小値　　[中央値]　　　　　最大値
第〔 1 〕四分位数　　第〔 3 〕四分位数

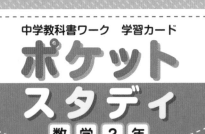

中学教科書ワーク　学習カード
ポケットスタディ
数学 2 年

1 多項式の次数

次の式は何次式？

$3x^2y - 5xy + 13x$

2 同類項

次の式の同類項をまとめると？

$-x - 8y + 5x - 17y$

3 多項式の加法

次の式を計算すると？

$(4x - 5y) + (-6x + 2y)$

4 多項式の減法

次の式を計算すると？

$(4x - 5y) - (-6x + 2y)$

5 単項式の乗法

次の式を計算すると？

$-5x \times (-8y)$

6 単項式の除法

次の式を計算すると？

$-72x^2y \div 9xy$

7 式の値

$x = -1$, $y = 6$のとき，次の式の値は？

$-72x^2y \div 9xy$

8 文字式の利用

nを整数としたときに，偶数，奇数を
nを使って表すと？

9 等式の変形

次の等式をyについて解くと？

$\frac{1}{3}xy = 6$

各項の次数を考える

$3x^2y + (-5xy) + 13x$

次数3　　　次数2　　　次数1

答 **3次式** ← 各項の次数のうちで
もっとも大きいものが，
多項式の次数。

使い方

◎ミシン目で切り取り，穴をあけてリング
などを通して使いましょう。
◎カードの表面が問題，裏面が解答と解説
です。

すべての項を加える

$(4x-5y)+(-6x+2y)$　　符号は
　　　　　　　　　　　そのまま。
$=4x-5y-6x+2y$
$=4x-6x-5y+2y$
$=-2x-3y$…答

$ax+bx=(a+b)x$

$-x\ -8y\ +5x\ -17y$　　項を並べかえる。
$=-x\ +5x\ -8y\ -17y$　同類項をまとめる。
$=4x-25y$…答

係数の積に文字の積をかける

$-5\ x\times(-8\ y)$　　　　係数
　　　　　　　　　　　　文字
$=-5\times(-8)\times x\times y$
$=40xy$…答

ひく式の符号を反対にする

$(4x-5y)-(-6x+2y)$　　符号を
　　　　　　　　　　　反対にする。
$=4x-5y+6x-2y$
$=4x+6x-5y-2y$
$=10x-7y$…答

式を簡単にしてから代入

$-72x^2y\div9xy$　　式を簡単にする。
$=-8x$
　　　　　　　　　$x=-1$を代入する。
$=-8\times(-1)$
$=8$…答

分数の形になおして約分

$-72x^2y\div9xy$　　わる式を分母にする。
$=\dfrac{-72x^2y}{9xy}$
　　　　　　　約分する。
$=-8x$…答

$y=\bigcirc$ の形に変形する

$\dfrac{1}{3}xy\times\dfrac{3}{x}=6\times\dfrac{3}{x}$ ← 両辺に$\dfrac{3}{x}$をかける。

$y=\dfrac{18}{x}$…答

偶数は2の倍数

答 偶数　**$2n$**　　　← 2の倍数

　　奇数　**$2n-1$**　　← 偶数 −1

　　　　　または，$2n+1$ ← 偶数 +1

10 連立方程式の解

次の連立方程式で，解が $x=2$，
$y=-1$ であるものはどっち？

㋐ $\begin{cases} 3x-4y=10 \\ 2x+3y=-1 \end{cases}$ ㋑ $\begin{cases} 4x+7y=1 \\ -x+5y=-7 \end{cases}$

11 加減法

次の連立方程式を解くと？

$\begin{cases} 2x-y=3 & \cdots ① \\ -x+y=2 & \cdots ② \end{cases}$

12 加減法

次の連立方程式を解くと？

$\begin{cases} 2x-y=5 & \cdots ① \\ x-y=1 & \cdots ② \end{cases}$

13 代入法

次の連立方程式を解くと？

$\begin{cases} x=-2y & \cdots ① \\ 2x+y=6 & \cdots ② \end{cases}$

14 1次関数の式

次の式で，1次関数をすべて選ぶと？

㋐ $y=\dfrac{1}{2}x-4$ ㋑ $y=\dfrac{24}{x}$

㋒ $y=x$ ㋓ $y=-4+x$

15 変化の割合

次の1次関数の変化の割合は？

$y=3x-2$

16 1次関数とグラフ

次の1次関数のグラフの傾きと切片は？

$y=\dfrac{1}{2}x-3$

17 直線の式

右の図の直線の式は？

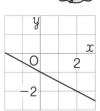

18 方程式とグラフ

次の方程式のグラフは，
右の図のどれ？

$2x-3y=6$

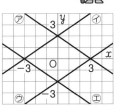

19 $y=k$，$x=h$ のグラフ

次の方程式のグラフは，
右の図のどれ？

$7y=-14$

①＋②で y を消去

$$2x-y=3$$
$$\underline{+)\ -x+y=2}$$
$$x\quad\ =5$$

x=5を②に代入
$$-5+y=2$$
$$y=7$$

答 $x=5,\ y=7$

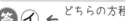
代入して成り立つか調べる

答 ㋑ ← どちらの方程式も成り立たせる $x,\ y$ の値が解。

㋐ 上の式　左辺＝$3\times2-4\times(-1)=10$　○
　下の式　左辺＝$2\times2+3\times(-1)=1$　×
㋑ 上の式　左辺＝$4\times2+7\times(-1)=1$　○
　下の式　左辺＝$-1\times2+5\times(-1)=-7$　○

---

①を②に代入して x を消去

$$2\times(\underline{-2y})+y=6$$
$$-3y=6$$
$$y=-2$$

$y=-2$を①に代入
$$x=-2\times(-2)$$
$$x=4$$

答 $x=4,\ y=-2$

---

①－②で y を消去

$$2x-y=5$$
$$\underline{-)\ \ x-y=1}$$
$$x\quad\ =4$$

x=4を②に代入
$$4-y=1$$
$$y=3$$

答 $x=4,\ y=3$

---

x の係数に注目

答 3

> 1次関数 $y=ax+b$ では、変化の割合は一定で a に等しい。
> （変化の割合）＝$\dfrac{（yの増加量）}{（xの増加量）}=a$

y が x の1次式か考える

答 ㋐，㋒，㋔
　　　↑
$b=0$ の場合。

> 1次関数の式
> $y=ax+b$
> $ax\cdots x$ に比例する部分
> $b\ \cdots$ 定数の部分

切片と傾きから求める

答 $y=-\dfrac{1}{2}x-1$
　　　↑　　　↑
　　傾き　　切片

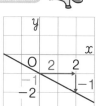

$a,\ b$ の値に注目

答 傾き $\dfrac{1}{2}$

　切片 -3

> 1次関数 $y=ax+b$ のグラフは、傾きが a、切片が b の直線である。

$y=k,\ x=h$ の形にする

答 ㋔

$$7y=-14$$
$$y=-2 \leftarrow$$

x 軸に平行な直線。

㋐ $x=-2$
㋑ $x=2$
㋒ $y=2$
㋔ $y=-2$

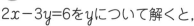
y について解く

答 ㋒

$2x-3y=6$ を y について解くと、

$y=\dfrac{2}{3}x-2 \leftarrow$ 傾き $\dfrac{2}{3}$、切片 -2 のグラフ。

20 対頂角

右の図で，
∠xの大きさは？

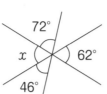

21 平行線と同位角，錯角

右の図で，
ℓ∥mのとき，
∠x，∠yの
大きさは？

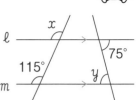

22 三角形の内角と外角

右の図で，
∠xの大きさは？

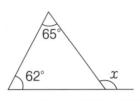

23 多角形の内角

内角の和が1800°の多角形は何角形？

24 多角形の外角

1つの外角が20°である正多角形は？

   ・・・

25 三角形の合同条件

次の三角形は合同といえる？

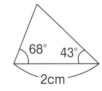

26 二等辺三角形の性質

二等辺三角形の性質2つは？

27 二等辺三角形の角

右の図で，
AB＝ACのとき，
∠xの大きさは？

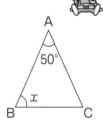

28 二等辺三角形になる条件

右の△ABCは，
二等辺三角形と
いえる？

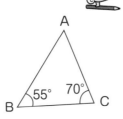

29 直角三角形の合同条件

次の三角形は合同といえる？

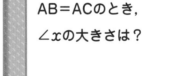

同位角，錯角を見つける

答 $\angle x=115°$
$\angle y=75°$

2直線が平行ならば
同位角，錯角は等しい。

対頂角は等しい

答 $\angle x=62°$

向かい合った角を ⟶ 対頂角といい，
対頂角は等しい。

内角の和の公式から求める

答 十二角形

$180°\times(n-2)=1800°$
$n-2=10$
$n=12$

n角形の内角の和は
$180°\times(n-2)$

三角形の外角の性質を利用する

答 $\angle x=127°$

$\angle x=62°+65°$
　　$=127°$

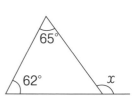

合同条件にあてはまるか考える

答 いえる

3組の辺がそれぞれ等しい。
2組の辺とその間の角がそれぞれ等しい。
1組の辺とその両端の角がそれぞれ等しい。

多角形の外角の和は360°

答 正十八角形

$360°\div20°=18$

正多角形の外角はすべて等しい。
多角形の外角の和は360°である。

底角は等しいから∠B=∠C

答 $\angle x=65°$

$\angle x=(180°-50°)\div2$
　　$=65°$

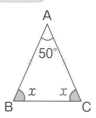

底角，底辺などに注意

答 ・底角は等しい。
　・頂角の二等分線は，
　　底辺を垂直に2等分する。

合同条件にあてはまるか考える

答 いえる

直角三角形の
　斜辺と1つの鋭角がそれぞれ等しい。
　斜辺と他の1辺がそれぞれ等しい。

2つの角が等しいか考える

答 いえる

$\angle A=\angle B=55°$より，
$180°-(55°+70°)=55°$
2つの角が等しいので，
二等辺三角形といえる。

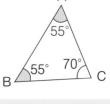

30 平行四辺形の性質

平行四辺形の性質3つは？

31 平行四辺形になる条件

平行四辺形になるための条件5つは？

32 特別な平行四辺形の定義

長方形，ひし形，正方形の定義は？

33 特別な平行四辺形の対角線

長方形，ひし形，正方形の対角線の
性質は？

34 確率の求め方

1つのさいころを投げるとき，
出る目の数が6の約数に
なる確率は？

35 樹形図と確率

2枚の硬貨A，Bを投
げるとき，1枚が表
でもう1枚が裏に
なる確率は？

36 組み合わせ

A，B，Cの3人の中
から2人の当番を選
ぶとき，Cが当番に
選ばれる確率は？

37 表と確率

大小2つのさいころ
を投げるとき，出た
目の数が同じになる
確率は？

38 Aの起こらない確率

大小2つのさいころ
を投げるとき，出た
目の数が同じになら
ない確率は？

39 箱ひげ図

次の箱ひげ図で，データの第1四分位数，
中央値，第3四分位数の位置は？

定義，性質の逆があてはまる

答 ・2組の対辺がそれぞれ平行である。（定義）
・2組の対辺がそれぞれ等しい。
・2組の対角がそれぞれ等しい。
・対角線がそれぞれの中点で交わる。
・1組の対辺が平行でその長さが等しい。

対辺，対角，対角線に注目

答 ・2組の対辺はそれぞれ等しい。
・2組の対角はそれぞれ等しい。
・対角線はそれぞれの中点で交わる。

長さが等しいか垂直に交わる

答 長方形 → 対角線の長さは等しい。
ひし形 → 対角線は垂直に交わる。
正方形 → 対角線の長さが等しく，
垂直に交わる。

角や，辺の違いを覚える

答 長方形 → 4つの角がすべて等しい。
ひし形 → 4つの辺がすべて等しい。
正方形 → 4つの角がすべて等しく，
4つの辺がすべて等しい。

樹形図をかいて考える

$\dfrac{2}{4}=\dfrac{1}{2}$ …答

出方は全部で4通り。
1枚が表で1枚が裏の
場合は2通り。

何通りになるか考える

$\dfrac{4}{6}=\dfrac{2}{3}$ …答

目の出方は全部で6通り。
6の約数の目は4通り。
↑
1, 2, 3, 6

表をかいて考える

$\dfrac{6}{36}=\dfrac{1}{6}$ …答

出方は全部で36通り。
同じになるのは6通り。

	1	2	3	4	5	6
1	○					
2		○				
3			○			
4				○		
5					○	
6						○

〔A,B〕，〔B,A〕を同じと考える

答 $\dfrac{2}{3}$

選び方は全部で3通り。
Cが選ばれるのは2通り。

箱ひげ図を正しく読み取ろう

答 第1四分位数…ⓘ
中央値（第2四分位数）…ⓒ
第3四分位数…ⓔ
ⓐはデータの最小値，ⓞは最大値

（起こらない確率）＝1－（起こる確率）

答 $\dfrac{5}{6}$

$1-\dfrac{1}{6}=\dfrac{5}{6}$
↑ 同じになる確率

	1	2	3	4	5	6
1	×					
2		×				
3			×			
4				×		
5					×	
6						×

教育出版版 数学2年 もくじ

ステージ1　ステージ2　ステージ3

発展→この学年の学習指導要領には示されていない内容を取り上げています。学習に応じて取り組みましょう。

※特別ふろくについて，くわしくは表紙の裏や巻末へ

確認のワーク　ステージ1　**1節　式の計算**
① 単項式と多項式

例1 単項式と多項式　　　　　　　　　　　　教 p.17 → 基本問題 ❶ ❷

次の問いに答えなさい。

(1)　次の式を単項式と多項式に分けなさい。

　⑦　$2x+9$　　　　④　$-7ab$　　　　⑨　x^2-4x-1　　　　㋑　14

(2)　多項式 $2x^2y-3x+4y-7$ の項をいいなさい。また，定数項をいいなさい。

考え方（1）　項が1つだけの式を単項式という。← 単項式は，数や文字の積の形だけでつくられている。

　また，項が2つ以上の式を多項式という。

(2)　多項式は，単項式の和の形とみることができ，1つ1つの単項式が多項式の項となっている。多項式で，数だけの項を定数項という。

解き方（1）　項が1つの $\boxed{}^{①}$ は単項式で，

　項が2つ以上の $\boxed{}^{②}$ は多項式である。

(2)　多項式 $\underline{2x^2y-3x+4y-7}$ には，
　　　　　　　↑ $2x^2y+(-3x)+4y+(-7)$

$2x^2y$, $\boxed{}^{③}$, $4y$, $\boxed{}^{④}$ の4つの項があり，

このうち，$\boxed{}^{⑤}$ は数だけの項なので，定数項である。

項がいくつあるかを考えればいいんだね。

例2 式の次数　　　　　　　　　　　　　　　教 p.18 → 基本問題 ❸ ❹

次の式の次数はいくつですか。

(1)　$-8ab^2$　　　　　　(2)　$\dfrac{xy}{4}$　　　　　　(3)　$3x^2-5x+3$

考え方　単項式では，かけ合わされている文字の個数を，その単項式の次数という。多項式では，次数の最も大きい項の次数を，その多項式の次数という。

解き方（1）　$-8ab^2=-8\times a\times b\times b$ で，かけ合わされている文字は3個だから，

　$-8ab^2$ の次数は $\boxed{}^{⑥}$。

(2)　$\dfrac{xy}{4}=\dfrac{1}{4}\times x\times y$ で，かけ合わされている文字は2個だから，

　$\dfrac{xy}{4}$ の次数は $\boxed{}^{⑦}$。

(3)　$3x^2=3\times x\times x$ で，$3x^2$ の次数は2，
　　　　　　　　　　　　　　　　← 次数が最も大きい項を考える。
　$-5x=-5\times x$ で，$-5x$ の次数は1，

　3は定数項だから，$3x^2-5x+3$ の次数は $\boxed{}^{⑧}$

基本問題 解答 p.1

1 単項式と多項式　次の式を単項式と多項式に分けなさい。 教 p.17たしかめ1

⑦　$3x+7$　　　　⑦　$-8ab$　　　　⑦　$5x-y+9$

> **たいせつ**
>
> 1つの項だけでできている式が単項式，2つ以上の項からできている式が多項式である。

⑨　$4b$　　　　⑦　$\dfrac{1}{7}x-y+\dfrac{1}{6}$　　⑦　$2a^2+3b-5$

2 多項式の項　次の多項式の項をいいなさい。 教 p.17たしかめ1

(1)　$3x-7$　　　　　　　　　(2)　$8a-3b+1$

(3)　$2x^2+x-\dfrac{1}{2}$　　　　　　(4)　$5x^2y-x^2-y^2$

(5)　$x-\dfrac{1}{2}xy^2-\dfrac{1}{3}$　　　　　(6)　$-\dfrac{1}{3}a^2-\dfrac{1}{2}ab-\dfrac{1}{4}b^2$

3 単項式の次数　次の単項式の次数はいくつですか。 教 p.18たしかめ2

(1)　y　　　　(2)　$-9a^2$　　　　(3)　$4ab^2$

> **たいせつ**
>
> 単項式でかけ合わされている文字の個数を，単項式の次数という。
>
> ⓐ→ 次数1
> ab → ⓐ×ⓑ → 次数2
> a^2 → ⓐ×ⓐ → 次数2
> ab^2 → ⓐ×ⓑ×ⓑ → 次数3

(4)　$\dfrac{1}{5}xy$　　　(5)　$\dfrac{1}{2}x^2y$　　　(6)　$\dfrac{2}{3}ab^2$

4 式の次数　次の式は何次式ですか。 教 p.18たしかめ3, 問1

(1)　$8x^2$　　　　　　　　　(2)　$-5a+4b$

> **覚えておこう**
>
> 次数の最も大きい項の次数が，その式の次数。
>
> 例　$2x^2$ → 2次式
> 　　$7a-8$ → 1次式
> 　　$-4x^2-3x+7$ → 2次式

(3)　$9a^2-2b+7$　　　　　(4)　$2x+6xy-3$

(5)　$4-a^2$　　　　　　　(6)　$a+b+c+3$

確認のワーク　ステージ1　1節　式の計算
❷ 多項式の計算(1)

例1 同類項
教 p.19 → 基本問題❶

$3a-4b+5a+9b$ の同類項をまとめて簡単にしなさい。

考え方 多項式で，文字の部分が同じである項を同類項という。同類項は，分配法則を使うと１つの項にまとめることができる。

解き方 多項式 $3a-4b+5a+9b$ で，$3a$ と $5a$，$-4b$ と $9b$ は，それぞれ同類項である。これをまとめると，

$\qquad 3a\ -4b\ +5a\ +9b$
$=3a\ +5a\ -4b\ +9b$　項を並べかえる
$=(3+5)a+(-4+9)b$　同類項をまとめる
$=$ ①□

思い出そう
分配法則
$a\textcircled{x}+b\textcircled{x}$
$=(a+b)\textcircled{x}$

例2 多項式の加法
教 p.20 → 基本問題❷❹

$(6x+5y)+(2x-3y)$ を計算しなさい。

考え方 多項式の加法を計算するときは，すべての項を加えて，同類項をまとめる。

解き方 かっこをはずして，同類項をまとめる。

$\qquad (6x+5y)+(2x-3y)$
$=6x+5y+2x-3y$　かっこをはずす
$=6x+2x+5y-3y$　項を並べかえる
$=$ ②□　同類項をまとめる

$\qquad\qquad 6x+5y$
$\underline{+)\ 2x-3y}$
②□

例3 多項式の減法
教 p.20 → 基本問題❸❹

$(6x+5y)-(2x-3y)$ を計算しなさい。

考え方 多項式の減法を計算するときは，ひく式の各項の符号を変えてから，すべての項を加える。

解き方 ひく式の各項の符号を変えてから，すべての項を加える。

$\qquad (6x+5y)-(2x-3y)$
$=6x+5y-2x+3y$　かっこをはずす
$=6x-2x+5y+3y$　項を並べかえる
$=$ ③□　同類項をまとめる

$\qquad\qquad 6x+5y$
$\underline{-)\ 2x-3y}$
③□

> かっこをはずすときは，符号の変化に注意しよう。

基本問題 解答 p.1

1 同類項 次の式の同類項をまとめて簡単にしなさい。 p.19 たしかめ1, 問1

(1) $5a+6b-2a-8b$

(2) $7x-8y-3x+15y$

(3) $4x+7y-2x-y$

(4) $-3a+2b-2a+6b$

(5) $8a^2-7a+3a^2-3a$

(6) $-x^2+3x+8x^2-6x$

ミス注意

$$\overbrace{x^2+\underbrace{2x+7x^2}+(-5x)}$$

x^2 と $2x$ は次数が異なるので同類項ではない。

2 多項式の加法 次の計算をしなさい。  p.20 たしかめ2, 問2

(1) $(8a-2b)+(-5a+3b)$

(2) $(6x+4y)+(3x-2y)$

(3) $(4a^2-3a-5)+(3-5a^2-2a)$

(4) $\begin{array}{r} 7x+4y \\ +)\,6x+8y \\ \hline \end{array}$

(5) $\begin{array}{r} 3x^2-4x-3 \\ +)\,-2x^2+6x+5 \\ \hline \end{array}$

覚えておこう

$$ⓐ+ⓑ+②ⓐ+②ⓑ$$
$$=ⓐ+②ⓐ+ⓑ+②ⓑ$$

のように，項を並べかえてから同類項をまとめると，まちがいが少なくなる。

3 多項式の減法 次の計算をしなさい。 p.20 たしかめ3, 問3

(1) $(3x-2y)-(-4x+6y)$

(2) $(2a+5b)-(3a-4b)$

(3) $(2a+3b-5)-(-4b+2+4a)$

(4) $\begin{array}{r} 8a+9b \\ -)\,5a-3b \\ \hline \end{array}$

(5) $\begin{array}{r} 2x^2+3x-5 \\ -)\,\ \ x^2-3x+3 \\ \hline \end{array}$

ミス注意

かっこをはずすときに符号をまちがえやすいので注意。

例 $(2x-3y)-(4x-2y)$
$=2x-3y-4x-2y$
ここがまちがい

4 多項式の加法・減法 次の2つの式を加えなさい。また，左の式から右の式をひきなさい。

p.20 問4

$2x-3y+5$, $x+4y-6$

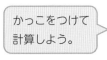

かっこをつけて計算しよう。

例 1 多項式と数の乗法

教 p.21 → 基本問題 1

$4(7x-3y)$ を計算しなさい。

考え方 分配法則を使う。

解き方 $4(7x-3y)=4×7x+4×(-3y)$

$$=\boxed{①}$$

> かっこをはずすときは分配法則を使えばいいね。

例 2 多項式と数の除法

教 p.22 → 基本問題 2

$(4a+8b)÷2$ を計算しなさい。

考え方 式全体を分数の形にするか，わる数を逆数にして乗法にする。

解き方 　① 分数の形にする

$(4a+8b)÷2$

$$=\frac{4a+8b}{2}$$

$$=\frac{\overset{2}{4}a}{\underset{1}{2}}+\frac{\overset{4}{8}b}{\underset{1}{2}}$$

$$=\boxed{②}$$

　② わる数を逆数にしてかける

$(4a+8b)÷2$

$$=(4a+8b)×\frac{1}{2}$$

$$=\overset{2}{4}a×\frac{1}{\underset{1}{2}}+\overset{4}{8}b×\frac{1}{\underset{1}{2}}$$

$$=\boxed{②}$$

> 2 の逆数は $\frac{1}{2}$ だね。

例 3 かっこがある式の計算

教 p.22 → 基本問題 3 4

$4(2x+y)-2(x-3y)$ を計算しなさい。

考え方 分配法則を利用してかっこをはずしてから，同類項をまとめる。

解き方 $\overset{①\ ②}{4(2x+y)}-\overset{③\ ④}{2(x-3y)}$ 　〉かっこをはずす

$=\underset{①}{4×2x}+\underset{②}{4×y}+\underset{③}{(-2)×x}+\underset{④}{(-2)×(-3y)}$

$=8x+4y-2x+6y$ 　〉項を並べかえる

$=8x-2x+4y+6y$ 　〉同類項をまとめる

$=\boxed{③}$

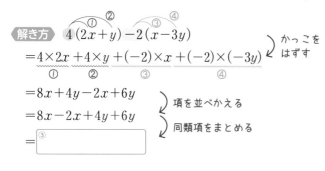

思い出そう

$\overset{④}{4(2x+1)}-\overset{}{2(x-3)}$

$=4×2x+4×1+(-2)×x+(-2)×(-3)$

$=8x+4-2x+6$

$=8x-2x+4+6$

$=6x+10$

基本問題

解答 ▶ p.2

1章

1 多項式と数の乗法 次の計算をしなさい。

教 p.21たしかめ4, 問5

(1) $4(2x+3y)$ (2) $2(6x-3y)$

(3) $-3(a-5b)$ (4) $(x-4y)×(-2)$

(5) $\left(\dfrac{a}{4}-\dfrac{b}{2}\right)×8$ (6) $(10x+5y)×\dfrac{1}{5}$

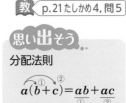

思い出そう

分配法則

$$a(b+c)=ab+ac$$

$$(a+b)c=ac+bc$$

2 多項式と数の除法 次の計算をしなさい。

教 p.22たしかめ5, 問6

(1) $(-12x+9y)÷3$ (2) $(-15a+20b)÷(-5)$

(3) $(12a-30b)÷6$ (4) $(-16x-28y)÷(-4)$

(5) $(18x-9y-27)÷3$ (6) $(-12a+24b+18)÷(-6)$

思い出そう

逆数

a の逆数 → $\dfrac{1}{a}$

3 かっこがある式の計算 次の計算をしなさい。

教 p.22たしかめ6, 問7

(1) $3(x+2y)+4(x-4y)$ (2) $7(3x+2y)-4(-4x+3y)$

(3) $2(a+4b-1)+4(a-b+2)$ (4) $-6(3x-y+2)-7(x-y-4)$

4 かっこがある式の計算 次の和や差を求めなさい。

教 p.22問8

(1) $2x-y$ の3倍に $x+3y$ の4倍を加えた和

(2) $-3x+2y$ の5倍から $2x-y$ の2倍をひいた差

ミス注意

かっこをはずすとき, 符号をまちがえやすいので注意すること。

左ページの 例 の答え　① $28x-12y$　② $2a+4b$　③ $6x+10y$

確認のワーク ステージ1 1節 式の計算 2 多項式の計算(3)　3 単項式の乗法,除法(1)

例1 分数をふくむ式の計算

教 p.23 →基本問題 1

$\dfrac{x-2y}{2}-\dfrac{4x-y}{3}$ を計算しなさい。

考え方 通分して1つの分数にまとめてからかっこをはずすか,(分数)×(多項式) の形に変形してからかっこをはずし,同類項をまとめる。

解き方 ① 通分して1つの分数にまとめる

$$\dfrac{x-2y}{2}-\dfrac{4x-y}{3}$$

通分する

$$=\dfrac{3(x-2y)}{6}-\dfrac{2(4x-y)}{6}$$

1つの分数にまとめる

$$=\dfrac{3(x-2y)-2(4x-y)}{6}$$

分子のかっこをはずす

$$=\dfrac{3x-6y-8x+2y}{6}$$

同類項をまとめる

$$=\boxed{①}$$

② (分数)×(多項式) の形に変形

$$\dfrac{x-2y}{2}-\dfrac{4x-y}{3}$$

(分数)×(多項式)の形に変形する

$$=\dfrac{1}{2}(x-2y)-\dfrac{1}{3}(4x-y)$$

かっこをはずす

$$=\dfrac{1}{2}x-y-\dfrac{4}{3}x+\dfrac{1}{3}y$$

同類項をまとめる

$$=\boxed{②}$$

例2 単項式の乗法

教 p.24 →基本問題 2

次の計算をしなさい。

(1) $6x\times2y$

(2) $2a\times(-3b)$

考え方 係数の積に文字の積をかけて計算する。

解き方 (1) $6\,x\times2\,y=6\times x\times2\times y$

$$=6\times2\times x\times y$$

$$=\boxed{③}$$

(2) $2\,a\times(-3\,b)=2\times(-3)\times a\times b$

$$=\boxed{④}$$

例3 累乗

教 p.25 →基本問題 3

次の計算をしなさい。

(1) $-5a\times a$

(2) $(-4x)^2$

考え方 同じ文字の積は,累乗を使う。

解き方 (1) $-5a\times a=-5\times a\times a$

$$=\boxed{⑤}$$

(2) $(-4x)^2=(-4x)\times(-4x)$

$$=(-4)\times(-4)\times x\times x$$

$$=\boxed{⑥}$$

基 本 問 題

解答 p.2

1 分数をふくむ式の計算　次の計算をしなさい。

教 p.23たしかめ7, 問9

(1) $\dfrac{2x-3y}{3}+\dfrac{3x-2y}{2}$

(2) $\dfrac{3x-y}{2}-\dfrac{2x-5y}{3}$

(3) $\dfrac{4a+5b}{8}-\dfrac{2a-b}{4}$

(4) $\dfrac{2x-3y}{5}-\dfrac{x+2y}{3}$

(5) $\dfrac{3x+8y}{5}+x-2y$

(6) $3x-y-\dfrac{x-3y}{2}$

2 単項式の乗法　次の計算をしなさい。

教 p.24たしかめ1, 問1

(1) $x\times9y$

(2) $(-4a)\times7b$

(3) $(-6x)\times(-3y)$

(4) $8a\times\left(-\dfrac{1}{2}b\right)$

(5) $2ab\times(-4c)$

(6) $\dfrac{x}{6}\times(-18y)$

> **ここが ポイント**
>
> 係数の部分と文字の部分を別々に計算して，最後に1つにする。
>
> (2) $(-4a)\times7b$
> $=(-4)\times a\times7\times b$
> $=\underline{(-4)\times7}\times\underline{a\times b}$
> 　係数の部分　文字の部分

3 累乗　次の計算をしなさい。

教 p.25たしかめ2, 問2

(1) $4a\times(-2a)$

(2) $3x^2\times(-5x)$

(3) $3a\times(-3a)^2$

(4) $-(4x)^2\times(-3x)$

(5) $\dfrac{6}{25}a\times(-5b)^2$

(6) $-\dfrac{1}{24}xy\times8xy$

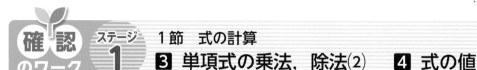

確認のワーク　ステージ1　1節　式の計算
❸ 単項式の乗法，除法⑵　❹ 式の値

例1 単項式の除法　　　　　　　　　　　　　教 p.26 → 基本問題❶

次の計算をしなさい。

(1)　$15ab \div 3b$　　　　　　　　　(2)　$6xy \div \dfrac{3}{2}x$

考え方 分数の形にするか，わる数を逆数にして乗法に直す。

解き方 (1)　$15ab \div 3b = \dfrac{15ab}{3b}$ ← 分数の形にする

$$= \dfrac{\overset{5}{15} \times a \times \overset{1}{b}}{\underset{1}{3} \times \underset{1}{b}} = \boxed{①}$$

別解 $15ab \div 3b = 15ab \times \dfrac{1}{3b}$ ← 乗法に直す

$$= \dfrac{\overset{5}{15} \times a \times \overset{1}{b}}{\underset{1}{3} \times \underset{1}{b}} = \boxed{①}$$

(2)　$6xy \div \dfrac{3}{2}x = 6xy \div \dfrac{3x}{2}$　　乗法に直す

$$= 6xy \times \dfrac{2}{3x}$$

$$= \dfrac{\overset{2}{6} \times \overset{1}{x} \times y \times 2}{\underset{1}{3} \times \underset{1}{x}} = \boxed{②}$$

例2 乗法と除法が混じった式の計算　　　　教 p.27 → 基本問題❷

$6x \times y^2 \div 3y$ を計算しなさい。

考え方 わる式を逆数にして，**乗法**にする。

解き方 ⓵ 分数の形にする

$$6x \times y^2 \div 3y$$

$$= \dfrac{6x \times y^2}{3y}$$　　分数の形にする

$$= \dfrac{\overset{2}{6} \times x \times \overset{1}{y} \times y}{\underset{1}{3} \times \underset{1}{y}}$$　　約分する

$$= \boxed{③}$$

⓶ わる式を逆数にして乗法にする

$$6x \times y^2 \div 3y$$

$$= 6x \times y^2 \times \dfrac{1}{3y}$$　　乗法に直す

$$= \dfrac{\overset{2}{6} \times x \times \overset{1}{y} \times y}{\underset{1}{3} \times \underset{1}{y}}$$　　約分する

$$= \boxed{③}$$

例3 式の値　　　　　　　　　　　　　　　教 p.28 → 基本問題❸

$x=2$，$y=-3$ のとき，式 $4(x-y)-(x-2y)$ の値を求めなさい。

考え方 式を簡単にしてから，x，y の値を代入する。

解き方 $4(x-y)-(x-2y) = 4x-4y-x+2y$

$$= 3x-2y$$

$$= 3 \times 2 - 2 \times (-3)$$　　$x=2$，$y=-3$ を代入する

$$= \boxed{④}$$

知ってると得

はじめに代入しても，簡単にしてから代入しても，式の値は変わらない。簡単にしてから代入する方が，計算が楽なことが多い。

基本問題 ●●●●●●●●●●●●●●●●●●●●●●●●●●●●●●●●●●●● 解答 p.3

1 単項式の除法　次の計算をしなさい。

教 p.26 たしかめ3, 4 問4, 5

(1) $16ab \div 8b$

(2) $(-8xy) \div 4x$

> **たいせつ**
> 単項式どうしの除法は，分数の形にするか，乗法に直す。

(3) $(-18a^3) \div 3a$

(4) $6ab \div (-8ab)$

(5) $(-24xy^2) \div 6xy$

(6) $9ab \div \dfrac{b}{4}$

> **思い出そう**
> $3a$ の逆数 → $\dfrac{1}{3a}$
> $\dfrac{3}{5}a$ の逆数 → $\dfrac{5}{3a}$

(7) $4xy \div \dfrac{8}{9}x$

(8) $(-3ab^2) \div \dfrac{3}{5}a$

(9) $\dfrac{x^2}{3} \div \left(-\dfrac{2}{9}x\right)$

(10) $\dfrac{3}{8}a^2 \div \dfrac{8}{3}a^2$

2 乗法と除法が混じった式の計算　次の計算をしなさい。

教 p.27 たしかめ5, 問6

(1) $18a^2 \div (-9ab) \times 5b$

(2) $20xy \times (-x) \div 4y$

> **覚えておこう**
> $A \div B \times C = \dfrac{A \times C}{B}$
> $A \div B \div C = \dfrac{A}{B \times C}$
> ÷のうしろが分母

(3) $5a^2 \div 10ab \times 4ab^2$

(4) $24x^2y \div 4x \div (-3y)$

3 式の値　次の問いに答えなさい。

教 p.28 たしかめ1, 問2

(1) $x=3$, $y=-2$ のとき，次の式の値を求めなさい。

① $3(x-2y)+2(x-3y)$

② $10xy^2 \div 5x^2 \times 3x$

(2) $a=-4$, $b=\dfrac{1}{2}$ のとき，次の式の値を求めなさい。

① $2(a-4b)-4(4a+3b)$

② $12ab^2 \div (-6ab) \times a$

解答▶p.4

1節　式の計算

❶ 次の式は何次式ですか。

(1) $\dfrac{1}{3}x + \dfrac{1}{5}y - 8$

(2) $4a^2 - a - 2$

(3) $2a^2 + 3a - \dfrac{1}{4}b$

❷ 次の式の同類項をまとめて簡単にしなさい。

(1) $-3a + 5b - 4c - 4a + 3b + 7c$

(2) $x^2 - 7x + 9 - 2x - 6x^2 - 5$

(3) $4a^2 - 2ab - 6a^2 + ab + 3a^2$

(4) $\dfrac{1}{2}x^2 - \dfrac{1}{3}x - \dfrac{3}{4} - \dfrac{3}{2}x^2 - \dfrac{2}{3}x + \dfrac{3}{4}$

❸ 次の計算をしなさい。

(1) $(5x^2 - 6x - 7) + (-4x^2 - x + 3)$

(2) $(-4a^2 + 6a - 3) - (-8a^2 + 9a - 5)$

(3) $(3x^2 + 0.6x) + (2.5x^2 - 3x - 1.4)$

(4) $\left(\dfrac{5}{3}x - \dfrac{3}{4}y\right) - \left(\dfrac{x}{2} - \dfrac{y}{3}\right)$

(5)
$$\begin{array}{r} a^2 - 2a - 8 \\ +)\ -3a^2 + 5a + 9 \\ \hline \end{array}$$

(6)
$$\begin{array}{r} x^2 \qquad\ -2y^2 \\ -)\ 4x^2 - 3xy - 6y^2 \\ \hline \end{array}$$

❹ 次の計算をしなさい。

(1) $-9(8a - 7b)$

(2) $4(2x - 3y - 8) - 5(-x + 2y + 9)$

(3) $(-21a + 14b - 35) \div (-7)$

(4) $(3x - 9y) \div \dfrac{3}{5}$

(5) $\left(\dfrac{6}{7}x - \dfrac{9}{11}y\right) \div (-3)$

(6) $\dfrac{2x + 5y}{3} - \dfrac{x + 4y}{4}$

❷ 分配法則を使って同類項をまとめる。

❸ 符号に注意してかっこをはずし，同類項をまとめる。

❹ 除法では，分数の計算に注意し，約分できるものは約分する。

5 次の計算をしなさい。

(1) $(-2a) \times (-8a)$

(2) $\dfrac{2}{3}x \times 36y$

(3) $(-2a) \times (-3a)^2$

(4) $\left(-\dfrac{2}{3}x\right)^2 \times \left(-\dfrac{y}{2}\right)$

(5) $(-8x^2y) \div 4xy$

(6) $15x^2y^2 \div (-xy) \div 5x$

(7) $\dfrac{3}{4}a^2b^3 \div \left(-\dfrac{2}{3}ab^2\right)$

レベルUP (8) $12xy^3 \div (-3y) \div \dfrac{2}{3}xy$

6 $a=-4$, $b=7$ のとき，次の式の値を求めなさい。

(1) $2(a-3b)+3(2a+b)$

(2) $12a^2b \times (-2b) \div 4ab$

入試問題を やってみよう！

1 次の計算をしなさい。

(1) $2(5a+b)-3(3a-2b)$ 〔大分〕

(2) $\dfrac{x-y}{2} - \dfrac{x+3y}{7}$ 〔静岡〕

(3) $8x^2y \times (-6xy) \div 12xy^2$ 〔富山〕

(4) $x^3 \times (6xy)^2 \div (-3x^2y)$ 〔滋賀〕

2 $x=5$, $y=-1$ のとき，$3(x+y)-(2x-y)$ の値を求めなさい。 〔長崎〕

5 除法は，分数の形にするか，わる式を逆数にしてかける。

6 式を簡単にしてから，a，b の値を代入し，計算する。

2 式を簡単にしてから，x，y の値を代入し，計算する。

例1 偶数・奇数の性質 教 p.30 →基本問題1

偶数から奇数をひいた差は奇数になることを，文字を使って説明しなさい。

考え方 偶数は 2×(整数)，奇数は 2×(整数)+1 で表すことができる。

解き方 m，n を整数とすると，偶数は $2m$，奇数は $2n+1$ と表すことができる。

偶数から奇数をひいた差は，

$$2m-(2n+1)=2m-2n-1$$
$$=2m-2n-2+1$$
$$=2(\boxed{}^{①})+1$$

$\boxed{}^{①}$ は整数なので，$2(\boxed{}^{①})+1$

は奇数である。

したがって，偶数から奇数をひいた差は奇数になる。

2×(整数)+1 の形にするために，-1 を $-2+1$ と表したよ。

例2 整数の性質 教 p.31 →基本問題2

2桁の自然数に，その数の十の位の数と一の位の数を2回ずつ加えた数は3の倍数になることを，文字を使って説明しなさい。

考え方 2桁の自然数は，十の位の数が x，一の位の数が y のとき，$10x+y$ と表すことができる。

解き方 2桁の自然数の十の位の数を x，一の位の数を y とする（x，y は整数）。

2桁の自然数に，その数の十の位の数と一の位の数を2回ずつ加えた数は，

$$10x+y+2x+2y=12x+3y$$
$$=3(\boxed{}^{②})$$

$\boxed{}^{②}$ は整数なので，$3(\boxed{}^{②})$ は3の倍数。

したがって，2桁の自然数に，その数の十の位の数と一の位の数を2回ずつ加えた数は，3の倍数になる。

まずは，問題にある数を，文字を使って表そう。

ここがポイント
3の倍数は，3×(整数) と表すことができる。

基本問題

解答 ▶ p.4

① 偶数・奇数の性質 次の問いに答えなさい。

教 p.30問2

(1) 奇数と偶数の和は奇数になることを、文字を使って説明しなさい。

(2) 奇数から奇数をひいた差は偶数になることを、文字を使って説明しなさい。

> **ミス注意**
> 連続する整数とは限らないので、同じ文字 m や同じ文字 n で表してはいけない。

(3) 奇数から偶数をひいた差は奇数になることを、文字を使って説明しなさい。

② 整数の性質 次の問いに答えなさい。

教 p.31問3

(1) 2桁の自然数があります。これを2倍した数と、もとの数の十の位の数と一の位の数を入れかえた数の和は3の倍数になることを、文字を使って説明しなさい。

(2) 2桁の自然数の一の位が0ならば5の倍数であることを、文字を使って説明しなさい。

> **ここがポイント**
> 十の位を x として、一の位の数が0の数を x を使って表す。

(3) 2桁の自然数の十の位の数を x、一の位の数を y とするとき、$x+y$ が3の倍数ならば、この2桁の自然数は3の倍数になることを、文字を使って説明しなさい。

(4) ある2桁の自然数が4の倍数のとき、この自然数と等しい十の位と一の位をもつ3桁の自然数が4の倍数になることを、文字を使って説明しなさい。

> **ここがポイント**
> 2桁の自然数を $4x$ と表すことで説明できる。

 左ページの 例 の答え ① $m-n-1$ ② $4x+y$

確認のワーク　**ステージ 1**　2節　式の活用
1 式の活用(2)　　**2** 等式の変形

例 1　連続する整数の性質　　　　　　　　　　　　　　　　　教 ▶ p.32, 33 → 基本問題 **1**

連続する2つの整数の和は奇数（きすう）になることを，文字を使って説明しなさい。

考え方　ある整数を n とすると，連続する整数は，

　　……，$n-2$，$n-1$，n，$n+1$，$n+2$，……

と表せる。

　また，ある数が奇数であることを示すには，その数が $2\times($整数$)+1$ の形で表すことができることをいえばよい。

解き方　連続する2つの整数の小さいほうの数を n とすると，もう1つの数は $n+1$ と表すことができる。

　この2つの整数の和は，

　　$n+(n+1)=n+n+1$

　　　　　　$=$ ①◻

n は整数だから，①◻ は奇数である。

したがって，連続する2つの整数の和は奇数になる。

> 文字を使った式を活用すると，数の性質を説明することができるね。

知ってると得

大きい方の数を n として
$(n-1)+n=n-1+n$
　　　　　$=2n-1$
としてもよい。

例 2　等式の変形　　　　　　　　　　　　　　　　　　　　　教 ▶ p.34 → 基本問題 **2 3**

次の式を，y について解きなさい。

(1) $2x-y=5$　　　　　　　　　　　　(2) $x+2y=4$

考え方　x，y についての等式を変形し，$x=$▨ のように x の値（あたい）を求める等式を導くことを，「x について解く」という。同じように，$y=$▨ のように y の値を求める等式を導くことを，「y について解く」という。

解き方

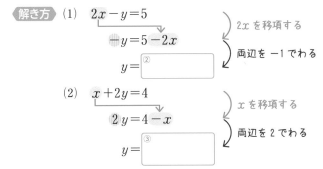

(1) 　$2x-y=5$
　　　　$-y=5-2x$　　　| $2x$ を移項する
　　　　　$y=$ ②◻　　　| 両辺を -1 でわる

(2) 　$x+2y=4$
　　　　　$2y=4-x$　　　| x を移項する
　　　　　　$y=$ ③◻　　　| 両辺を 2 でわる

思い出そう

等式の一方の辺にある項を，その符号を変えて他方の辺に移すことを移項するという。

基本問題 ⋯⋯⋯⋯⋯⋯⋯⋯⋯⋯⋯⋯⋯⋯⋯⋯⋯⋯⋯⋯⋯⋯⋯⋯ 解答 p.5

1 連続する整数の性質 次の問いに答えなさい。 教 p.33

(1) 1 と 4，5 と 8 のように，2 つおきに並んだ 2 つの自然数の和は，いつも奇数であることを，文字を使って説明しなさい。

(2) 連続する 4 つの整数の和は，いつも偶数であることを，文字を使って説明しなさい。

(3) 連続する 2 つの奇数の和は，いつも 4 の倍数であることを，文字を使って説明しなさい。

2 等式の変形 周りの長さが **40 cm** の長方形の，縦の長さと横の長さについて調べます。
教 p.34問1

(1) 縦の長さを x cm，横の長さを y cm として，x と y の関係を式で表しなさい。

> **たいせつ**
> 「x について解く」とは，式を変形して，$x = \boxed{}$ の形にすること。

(2) (1)の式を，x について解きなさい。

(3) 横の長さを 12 cm，18 cm にしたとき，縦の長さはそれぞれ何 cm になりますか。(2)の式を使って求めなさい。

3 等式の変形 次の式を，〔 〕の中の文字について解きなさい。 教 p.34たしかめ1，問2

(1) $x = 15 - 5y$ 〔y〕

(2) $3x + 4y = 6$ 〔x〕

(3) $c = \dfrac{a + 2b}{3}$ 〔a〕

(4) $S = \dfrac{1}{2}ah$ 〔a〕

> **思い出そう**
> 等式の性質：$a = b$ ならば
>
> $a + c = b + c$
> $a - c = b - c$
> $ac = bc$
> $\dfrac{a}{c} = \dfrac{b}{c}$ 〔$c \neq 0$〕

① $2n + 1$ ② $2x - 5$ ③ $\dfrac{4-x}{2}\left(2 - \dfrac{x}{2}\right)$

 2節　式の活用

❶ 次の問いに答えなさい。

(1)　2桁の自然数から，その数の十の位の数と一の位の数の和をひいた数は9の倍数になることを，文字を使って説明しなさい。

(2)　2桁の自然数の十の位の数を x，一の位の数を y とするとき，$x+y=9$ ならば，この2桁の自然数は9の倍数になります。このことを，文字を使って説明しなさい。

(3)　3桁の自然数と，その一の位の数と百の位の数を入れかえた数の差は，99の倍数になります。このことを，文字を使って説明しなさい。

(4)　連続する4つの偶数の和は4の倍数になることを，文字を使って説明しなさい。

❷ 右に書かれたことについて，次の問いに答えなさい。

(1)　どんなことが予想できますか。予想したことをいいなさい。

(2)　(1)の予想が正しいことを，文字を使って説明しなさい。

$$
\begin{array}{l}
2+4+6=12 \\
4+6+8=18 \\
6+8+10=24 \\
\quad\vdots \\
22+24+26=72 \\
\quad\vdots
\end{array}
$$

❸ 底面の半径が r cm，高さが h cm の円錐Ⓐがあります。この円錐Ⓐの底面の半径を半分にし，高さを2倍にした円錐を円錐Ⓑとします。円錐Ⓐの体積と円錐Ⓑの体積とでは，どちらのほうが大きいといえますか。

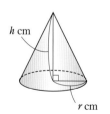

❶ ある数が●の倍数であることを示すには，●×整数 であることをいう。
❷ (2) 真ん中の数を $2n$ とおくとよい。
❸ 2つの立体の体積を，文字を使って表して，比較する。

4 次の式を，〔 〕の中の文字について解きなさい。

(1) $2a = b + c$ 〔c〕　　(2) $4x - 3y = -12$ 〔y〕　　(3) $\ell = 3(m + n)$ 〔m〕

(4) $S = \pi \ell r$ 〔ℓ〕　　(5) $V = \dfrac{1}{3}Sh$ 〔h〕　　(6) $a = \dfrac{2b + 3c}{5}$ 〔b〕

(7) $a = \dfrac{3 - 2b}{4}$ 〔b〕　　(8) $\dfrac{x - y}{7} = z - 5$ 〔y〕　　(9) $S = \dfrac{1}{2}(a + b)h$ 〔b〕

5 陸上トラックの周りに，幅1mの2つのレーンをつくります。ゴールの位置を同じにして，2つのレーンの内側が同じ距離になるようにします。1レーンの走者のスタートラインをゴールラインとして，このコースを1周するとき，2レーンのスタートラインは，1レーンのスタートラインの何m先にひけばよいでしょうか。

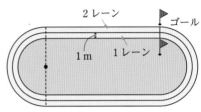

入試問題を やってみよう！

1 次の式を，〔 〕の中の文字について解きなさい。

(1) $9a + 3b = 2$ 〔b〕　　〔千葉〕　　(2) $m = \dfrac{2a + b}{3}$ 〔b〕　　〔富山〕

2 次の文章は，連続する5つの自然数について述べたものです。文章中の □A□ にあてはまる最も適当な式を書きなさい。また，□a□，□b□，□c□，□d□ にあてはまる自然数をそれぞれ書きなさい。　　〔愛知〕

連続する5つの自然数のうち，最も小さい数をnとすると，最も大きい数は □A□ と表される。

このとき，連続する5つの自然数の和は □a□ (n+ □b□) と表される。

このことから，連続する5つの自然数の和は，小さいほうから □c□ 番目の数の □d□ 倍となっていることがわかる。

4 式を変形して，（〔 〕の中の文字）＝■■ の形にする。
5 2つのレーンで，直線部分の長さは同じなので，円周部分の長さを比較して考える。
2 小さいほうから2番目，3番目，4番目の数もnで表す。

解答　p.7

　式の計算　　　　　　　　　　　　　　　40分　　/100

1 次の⑦〜㋓の式について，下の問いに答えなさい。　　　　　　　　3点×7（21点）

　⑦　$3xy^2$　　　　　㋑　$6-3a$　　　　　㋒　$4x^2-2xy+5$　　　㋓　$-a$

(1) 単項式と多項式に分けなさい。

　　　　　　　　　　　　　　　単項式（　　　　　　），多項式（　　　　　　）

(2) ㋒の式の項をいいなさい。

　　　　　　　　　　　　　　　　　　　　　　　　　　（　　　　　　　　）

(3) それぞれ何次式かいいなさい。

　　　　　　⑦（　　　　　），㋑（　　　　　），㋒（　　　　　），㋓（　　　　　）

2 次の計算をしなさい。　　　　　　　　　　　　　　　　　　　　3点×8（24点）

(1) $6a+9b-5a-3b$　　　　　　　　(2) $(a-2b)+(6a+b-9)$

　　　　　　　（　　　　　　　　）　　　　　　　（　　　　　　　　）

(3) 　　$-3x^2-2x+5$　　　　　　　(4) $-3(4x-y+2)$
　　　$-)　4x^2-\ x+4$

　　　　　　　（　　　　　　　　）　　　　　　　（　　　　　　　　）

(5) $(24a-18b)\times\dfrac{1}{6}$　　　　　(6) $(16x-8y)\div(-4)$

　　　　　　　（　　　　　　　　）　　　　　　　（　　　　　　　　）

(7) $5(a+2b)+2(3a-4b)$　　　　(8) $\dfrac{x+2y}{3}-\dfrac{3x-y}{4}$

　　　　　　　（　　　　　　　　）　　　　　　　（　　　　　　　　）

3 次の計算をしなさい。　　　　　　　　　　　　　　　　　　　　3点×6（18点）

(1) $8x\times(-5y)$　　　　　　　　(2) $(-6a)^2\times2a$

　　　　　　　（　　　　　　　　）　　　　　　　（　　　　　　　　）

(3) $42xy\div(-7y)$　　　　　　　(4) $(-12a^3)\div4a$

　　　　　　　（　　　　　　　　）　　　　　　　（　　　　　　　　）

(5) $9xy^2\div\left(-\dfrac{9}{2}y\right)$　　　　　(6) $a^2b\times(-8b)\div4ab$

　　　　　　　（　　　　　　　　）　　　　　　　（　　　　　　　　）

目標 この章の内容は、今後学習する連立方程式などの問題を解くうえで重要。ケアレスミスに注意し確実に正解しよう。

自分の得点まで色をぬろう!

😣がんばろう!　😐もう一歩　😀合格!

0　　　　　　　　　60　　80　　100点

4 $x=4$, $y=-2$ のとき、次の式の値を求めなさい。　　　　　3点×4(12点)

(1) $3(4x-2y)+5(x+3y)$

(2) $2(-x+3y)-3(-x-2y)$

(　　　　　)　　　　　(　　　　　)

(3) $21xy^2 \div 7xy \times 4y$

(4) $18x^2y \div (-6xy) \times 2y$

(　　　　　)　　　　　(　　　　　)

5 底面の半径が r cm、高さが h cm の円柱Ⓐと、底面の半径が $2r$ cm、高さが h cm の円錐Ⓑがあります。円柱Ⓐの体積と円錐Ⓑの体積とでは、どちらのほうが大きいといえますか。

(6点)

(　　　　　)

6 3桁の自然数と、その自然数の十の位の数と百の位の数を入れかえた数の差は、90 の倍数になります。この理由を、文字を使って説明しなさい。　　　(7点)

7 次の式を、〔 〕の中の文字について解きなさい。　　　3点×4(12点)

(1) $6x-5y=21$ 〔y〕

(2) $c=2(a-b)$ 〔a〕

(　　　　　)　　　　　(　　　　　)

(3) $c=\dfrac{2a+3b+7}{5}$ 〔a〕

(4) $S=\dfrac{1}{2}ab$ 〔b〕

(　　　　　)　　　　　(　　　　　)

アプリ【どこでもワーク計算編】をやって、さらに力をつけよう!

 **1節　連立方程式とその解き方**
1 連立方程式とその解
2 連立方程式の解き方(1)

例1 連立方程式とその解

教 ▶ p.47 → 基本問題 **1**

連立方程式 $\begin{cases} 5x - y = 11 & \cdots\cdots① \\ 2x + y = 10 & \cdots\cdots② \end{cases}$ について，次の問いに答えなさい。

(1) 方程式①，②の x に 1 から 4 までの自然数を順に代入して，それぞれの方程式の解を求めなさい。

(2) (1)から，この連立方程式の解を求めなさい。

考え方 2つの文字をふくむ1次方程式を2元1次方程式といい，2元1次方程式を成り立たせる2つの文字の値の組を，その2元1次方程式の解という。また，方程式を組にしたものを連立方程式といい，組にした方程式を両方とも成り立たせる文字の値の組を，その連立方程式の解という。連立方程式の解を求めることを，その連立方程式を解くという。

解き方 (1) ①

x	1	2	3	4
y	-6	-1	①	9

②

x	1	2	3	4
y	8	6	②	2

(2) (1)から，①，②の両方とも成り立たせる x，y の値の組は，

$x =$ ③ ，$y =$ ④ ← 連立方程式の解

例2 加減法

教 ▶ p.50 → 基本問題 **2 3**

連立方程式 $\begin{cases} 4x + y = 9 & \cdots\cdots① \\ 5x - 3y = 7 & \cdots\cdots② \end{cases}$ を解きなさい。

考え方 連立方程式の左辺どうし，右辺どうしを加えたりひいたりして，1つの文字を消去して解く方法を加減法という。文字の係数の絶対値が等しくないときは，まず消去する文字の係数の絶対値を等しくする。

解き方 y の係数の絶対値を等しくするために，①の両辺に 3 をかける。

$$\begin{array}{rl} ①×3 → & 12x + 3y = 27 \\ ②　→ +) & 5x - 3y = 7 \\ \hline y を消去 → & 17x = 34 \end{array}$$

$x =$ ⑤

これを①に代入すると，

$4 ×$ ⑤ $+ y = 9$

$y =$ ⑥

 x と y の係数から，消去しやすいのはどちらの文字かな？

覚えておこう

文字 x，y をふくむ連立方程式から，y をふくまない方程式をつくることを，y を消去するという。

答 $x =$ ⑤ ，$y =$ ⑥

基本問題
解答 p.9

1 連立方程式とその解　次の連立方程式について，2つの方程式の $x=1$，$x=2$，… のときの y の値をそれぞれ調べ，連立方程式の解を求めなさい。
教 p.46〜47問1〜問3

(1) $\begin{cases} 2x+y=11 \\ 4x+3y=27 \end{cases}$
(2) $\begin{cases} 2x-5y=-16 \\ 4x-3y=-4 \end{cases}$

2 章

2 加減法①　次の連立方程式を解きなさい。
教 p.50たしかめ1, 問3

(1) $\begin{cases} 3x+y=-1 \\ x+y=3 \end{cases}$
(2) $\begin{cases} 2x+y=1 \\ x-y=-7 \end{cases}$
(3) $\begin{cases} 4x+y=14 \\ 3x-y=7 \end{cases}$

(4) $\begin{cases} x+2y=6 \\ x-y=3 \end{cases}$
(5) $\begin{cases} 3x+4y=14 \\ -3x+y=11 \end{cases}$
(6) $\begin{cases} 3x+y=5 \\ 5x+y=3 \end{cases}$

ここがポイント

まず，2つの方程式から x または y を消去する。そのためには，2つの式を加えたり，一方から他方をひいたりする。

$$\begin{array}{r} A=B \\ +)\ \ C=D \\ \hline A+C=B+D \end{array}$$

$$\begin{array}{r} A=B \\ -)\ \ C=D \\ \hline A-C=B-D \end{array}$$

3 加減法②　次の連立方程式を解きなさい。
教 p.50〜51たしかめ2, 3

(1) $\begin{cases} x+2y=8 \\ 2x+y=7 \end{cases}$
(2) $\begin{cases} 4x+y=-2 \\ x-3y=-7 \end{cases}$
(3) $\begin{cases} x-2y=8 \\ 2x+5y=-2 \end{cases}$

ここがポイント

2つの方程式の x または y の係数の絶対値を等しくし，どちらかの文字を消去して解くことができる。

(4) $\begin{cases} 5x-3y=5 \\ 2x-y=3 \end{cases}$
(5) $\begin{cases} 3x+2y=8 \\ 6x+5y=17 \end{cases}$
(6) $\begin{cases} -5x+4y=-7 \\ 3x-2y=3 \end{cases}$

(7) $\begin{cases} 3x-2y=-9 \\ 2x+3y=7 \end{cases}$
(8) $\begin{cases} 2x+3y=1 \\ 7x+11y=1 \end{cases}$
(9) $\begin{cases} 4x+3y=6 \\ 6x-5y=28 \end{cases}$

左ページの 例 の答え　①4　②4　③3　④4　⑤2　⑥1

 ステージ **1**

1節 連立方程式とその解き方
2 連立方程式の解き方(2)
3 いろいろな連立方程式(1)

例 1 代入法 ─── 教 p.52～53 → 基本問題 **1**

連立方程式 $\begin{cases} y=3x+4 & \cdots\cdots① \\ 5x-2y=-10 & \cdots\cdots② \end{cases}$ を解きなさい。

考え方 連立方程式の一方の式を他方の式に代入することによって，1つの文字を消去して解く方法を代入法という。

解き方 まず①を②に代入し，y を消去する。

①を②に代入すると，

$5x-2(3x+4)=-10$ ← y を消去

$5x-6x-8=-10$

$-x=-2$

$x=\boxed{①}$

$$\begin{array}{l} 5x-2\!\!\textcircled{y}=-10 \quad\cdots\cdots② \\ \quad\quad\quad\downarrow y=3x+4 \quad\cdots\cdots① \\ 5x-2(\underline{3x+4})=-10 \end{array}$$

これを①に代入すると，

$y=3\times\boxed{①}+4$

$y=\boxed{②}$

 連立方程式の解を求めたら，もとの式に代入して，答えが正しいことを確かめよう。

答 $x=\boxed{①}$ ，$y=\boxed{②}$

例 2 いろいろな連立方程式 ─── 教 p.54 → 基本問題 **3**

連立方程式 $\begin{cases} \dfrac{1}{3}x-\dfrac{1}{2}y=1 & \cdots\cdots① \\ 2x-5y=2 & \cdots\cdots② \end{cases}$ を解きなさい。

考え方 係数に小数や分数がある方程式は，係数をすべて整数にしてから解くとよい。

解き方 まず①の式に 3 と 2 の最小公倍数 6 をかけ，係数を整数にする。

$①\times6 \rightarrow 2x-3y=6 \cdots③$

次に，②と③を組にした連立方程式を解く。

$$\begin{array}{r} ③\quad\quad 2x-3y=6 \\ ②\quad -)\ 2x-5y=2 \\ \hline x を消去 \rightarrow \quad\quad 2y=4 \end{array}$$

$y=\boxed{③}$

これを②に代入すると，

$2x-5\times\boxed{③}=2$

$2x=12$

$x=\boxed{④}$

答 $x=\boxed{④}$ ，$y=\boxed{③}$

基本問題 ·· 解答 ▶ p.10

① 代入法 次の連立方程式を解きなさい。　　　　　　　　　　教 ▶ p.53 たしかめ4, 問7

(1) $\begin{cases} y=2x \\ 2x+3y=24 \end{cases}$　　(2) $\begin{cases} x=-3y \\ 2x+5y=8 \end{cases}$　　(3) $\begin{cases} y=2x+3 \\ 5x+3y=-2 \end{cases}$

(4) $\begin{cases} y=-2x+11 \\ y=5x-3 \end{cases}$　　(5) $\begin{cases} x+3y=11 \\ x=2y+1 \end{cases}$　　(6) $\begin{cases} 2x+3y=1 \\ 2x=y+5 \end{cases}$

② かっこをふくむ連立方程式 次の連立方程式を解きなさい。　教 ▶ p.54 たしかめ1

(1) $\begin{cases} 5x-3(x+y)=-10 \\ 4x+y=8 \end{cases}$　　(2) $\begin{cases} 3x+2y=-4 \\ x+3(2x+y)=-1 \end{cases}$

(3) $\begin{cases} 5(x-y)+8y=9 \\ 2x-3y=12 \end{cases}$　　(4) $\begin{cases} 3x+4y=5 \\ 2(x+3y)-y=1 \end{cases}$

> **ここがポイント**
>
> かっこをふくむ連立方程式は，かっこをはずして整理してから解くとよい。
> $a(b+c)=ab+ac$

③ 係数が整数でない連立方程式 次の連立方程式を解きなさい。　教 ▶ p.54 たしかめ2, 問1

(1) $\begin{cases} 2x-7y=5 \\ 0.3x+0.8y=2.6 \end{cases}$　　(2) $\begin{cases} 0.8x+0.4y=2 \\ 3x+2y=6 \end{cases}$

(3) $\begin{cases} 0.3x+0.2y=1.3 \\ 4x-y=10 \end{cases}$　　(4) $\begin{cases} 2x-6y=-14 \\ 0.4x-0.7y=-1.8 \end{cases}$

> **たいせつ**
>
> 係数に小数がある連立方程式は，両辺に10や100をかけて，係数をすべて整数にしてから解くとよい。

(5) $\begin{cases} 2x-y=8 \\ \dfrac{2}{3}x+\dfrac{1}{2}y=1 \end{cases}$　　(6) $\begin{cases} \dfrac{1}{2}x-\dfrac{3}{2}y=-\dfrac{1}{2} \\ 2x+3y=7 \end{cases}$

(7) $\begin{cases} x+2y=20 \\ \dfrac{1}{2}x+\dfrac{1}{6}y=5 \end{cases}$　　(8) $\begin{cases} \dfrac{1}{4}x-\dfrac{1}{8}y=1 \\ 4x-5y=10 \end{cases}$

確認のワーク **ステージ1** 1節　連立方程式とその解き方
❸ いろいろな連立方程式(2)

例1 $A=B=C$ の形の方程式 ───── 教 p.55 → 基本問題 ❶❷

方程式 $3x+y=x+4y=11$ を解きなさい。

考え方 $\begin{cases} A=B \\ B=C \end{cases}$ $\begin{cases} A=B \\ A=C \end{cases}$ $\begin{cases} A=C \\ B=C \end{cases}$ の，どの連立方程式にしても解くことができる。

解き方 方程式 $3x+y=x+4y=11$ を $\begin{cases} A=C \\ B=C \end{cases}$ の形の連立方

程式にすると，

$\begin{cases} 3x+y=11 & \cdots\cdots① \\ x+4y=11 & \cdots\cdots② \end{cases}$ これを解いて $x,\ y$ の値を求める。

$\begin{array}{r} ① \qquad 3x+\ y=\ 11 \\ ②\times3 \quad -)3x+12y=\ 33 \\ \hline -11y=-22 \end{array}$

$y=\boxed{①}$

これを②に代入すると，

$x+4\times\boxed{①}=11$

$x=\boxed{②}$

答 $x=\boxed{②}$, $y=\boxed{①}$

> **知ってると得**
> 計算のしやすさなどを考えて組み合わせを選ぶとよい。
> たとえば，$A=B=C$ で C に文字をふくまない場合には，$\begin{cases} A=C \\ B=C \end{cases}$ の形にすると計算がしやすい。

例2 解の代入と係数の決定 ───── 教 p.55 → 基本問題 ❸

連立方程式 $\begin{cases} ax+by=-11 \\ bx-ay=16 \end{cases}$ の解が $x=2,\ y=-3$ であるとき，$a,\ b$ の値を求めなさい。

考え方 解 $(x=2,\ y=-3)$ をそれぞれの方程式に代入すると，それらの方程式は成り立ち，$a,\ b$ についての連立方程式ができる。これを解けばよい。

解き方 それぞれの2元1次方程式に $x=2,\ y=-3$ を代入すると，

$\begin{cases} 2a-3b=-11 \\ 2b-a\times(-3)=16 \end{cases}$ ➡ $\begin{cases} 2a-3b=-11 & \cdots\cdots① \\ 3a+2b=16 & \cdots\cdots② \end{cases}$

①，②の $a,\ b$ についての連立方程式を加減法で解くと，

$\begin{array}{r} ①\times2 \quad 4a-6b=-22 \\ ②\times3 \quad +)9a+6b=\ 48 \\ \hline 13a\ \ \ \ \ =\ 26 \end{array}$ ◁ b を消去

$a=\boxed{③}$

$a=\boxed{③}$ を①に代入すると，

$2\times\boxed{③}-3b=-11$

$b=\boxed{④}$

> **ここがポイント**
> 連立方程式の2つの解を2つの方程式に代入すると，それらの方程式は成り立つ。このことから，連立方程式の係数の文字 a や b の値を求める。

> $x,\ y$ の値を代入したら，あとは $a,\ b$ についての連立方程式を解けばいいね。

答 $a=\boxed{③}$, $b=\boxed{④}$

基 本 問 題

解答 p.11

1 $A=B=C$ の形の方程式　方程式 $x+5y=3x+7y+2=7$ を，次の(1)，(2)の連立方程式の形に直して解きなさい。

教 p.55 たしかめ 3

(1) $\begin{cases} x+5y=3x+7y+2 \\ 3x+7y+2=7 \end{cases}$

(2) $\begin{cases} x+5y=7 \\ 3x+7y+2=7 \end{cases}$

2 $A=B=C$ の形の方程式　次の方程式を解きなさい。

教 p.55 たしかめ 3

(1) $x+2y=7x-2y=-8$

(2) $2x-y=-2x+5y=4$

(3) $2x+y=x+3y=5$

(4) $2x-3y=4x+3y=x-y+5$

(5) $3x+2y=2x-3y+18=x-2y+12$

> **たいせつ**
>
> 次の3つのどれかの連立方程式の形にしてから解く。
>
> $\begin{cases} A=B \\ B=C \end{cases}$　$\begin{cases} A=B \\ A=C \end{cases}$
>
> $\begin{cases} A=C \\ B=C \end{cases}$

(6) $4x-3y=3x-4y=2x-y+4$

3 解の代入と係数の決定　次の問いに答えなさい。

教 p.55 問 3

(1) 連立方程式 $\begin{cases} ax-by=7 \\ bx+ay=4 \end{cases}$ の解が $x=3$，$y=-2$ であるとき，a，b の値を求めなさい。

(2) 連立方程式 $\begin{cases} ax+by=-9 \\ x+ay=b \end{cases}$ の解が $x=7$，$y=1$ であるとき，a，b の値を求めなさい。

1節　連立方程式とその解き方

1 連立方程式 $\begin{cases} 3x+4y=2 \\ 2x-y=5 \end{cases}$ と同じ解をもつ連立方程式を，⑦〜⑨の中から選びなさい。

⑦ $\begin{cases} 3x-y=5 \\ x+2y=4 \end{cases}$　　　　⑦ $\begin{cases} -4x+y=9 \\ 2x+3y=-1 \end{cases}$　　　　⑦ $\begin{cases} x-2y=4 \\ x+3y=-1 \end{cases}$

2 次の連立方程式を解きなさい。

(1) $\begin{cases} 3x+y=11 \\ -3x+y=-1 \end{cases}$　　(2) $\begin{cases} 2x+y=9 \\ 6x-y=7 \end{cases}$　　(3) $\begin{cases} 3x-5y=13 \\ 3x+2y=-1 \end{cases}$

(4) $\begin{cases} 7x-3y=2 \\ 3x-2y=-2 \end{cases}$　　(5) $\begin{cases} 5x+6y=27 \\ -2x+5y=4 \end{cases}$　　(6) $\begin{cases} y=3x+1 \\ 5x-4y=-11 \end{cases}$

(7) $\begin{cases} 3x-4y=-7 \\ x=2y-5 \end{cases}$　　(8) $\begin{cases} x=3y+4 \\ 3x-2y=5 \end{cases}$　　(9) $\begin{cases} y=4x-2 \\ y=-2x+10 \end{cases}$

3 次の連立方程式を解きなさい。

(1) $\begin{cases} 5x+6y=9 \\ 2x+3(y-2)=-3 \end{cases}$　　(2) $\begin{cases} 4x-3(x+2y)=16 \\ 3x+5y=2 \end{cases}$　　(3) $\begin{cases} 4x-3(x+2y)=4 \\ 5(y+3)=2(y-3x) \end{cases}$

(4) $\begin{cases} 1.9x-0.2y=5.5 \\ 5x-2y=13 \end{cases}$　　(5) $\begin{cases} y=6-4x \\ 0.8x-0.2y=0.4 \end{cases}$　　(6) $\begin{cases} 0.7x+0.6y=3.3 \\ 0.02x+0.05y=0.16 \end{cases}$

(7) $\begin{cases} \dfrac{1}{3}x+\dfrac{1}{2}y=4 \\ \dfrac{1}{2}x-\dfrac{1}{4}y=2 \end{cases}$　　(8) $\begin{cases} \dfrac{1}{2}x+\dfrac{1}{5}y=-\dfrac{9}{10} \\ \dfrac{1}{6}x+\dfrac{2}{5}y=\dfrac{7}{10} \end{cases}$　　(9) $\begin{cases} \dfrac{3}{4}x-\dfrac{y}{2}=3 \\ \dfrac{x}{5}=\dfrac{y}{3}-\dfrac{2}{5} \end{cases}$

1 与えられた連立方程式の解を⑦〜⑨に代入し，成り立つかどうか調べればよい。
2 加減法，代入法のどちらでもよいが，(6)〜(9)は代入法のほうが計算がしやすい。
3 かっこをはずし，小数や分数は整数にして，整理してから解く。

4 次の連立方程式を解きなさい。

(1) $\begin{cases} 0.1x - 0.3(y+3) = 0.5 \\ 3x - (x-3y) = x + 2y - 2 \end{cases}$

(2) $\begin{cases} x = 3y + 10 \\ 0.6(x+2) - 0.3(y-2) = 3.3 \end{cases}$

(3) $\begin{cases} 0.2x + 0.1y = -0.2 \\ \dfrac{x}{2} + 1 = -\dfrac{y}{3} \end{cases}$

(4) $\begin{cases} 2(x+y) - 5y = 12 \\ \dfrac{x}{2} - 2y = 5.5 \end{cases}$

(5) $\begin{cases} \dfrac{x}{2} - \dfrac{3y-1}{4} = 0.5 \\ \dfrac{2x-1}{3} - \dfrac{3}{5}y = 1.2 \end{cases}$

5 次の方程式を解きなさい。

(1) $2x - 5y = 3x + 2y + 11 = 16$

(2) $3x + 5y = -6x - y = 4x + 7y - 4$

(3) $\dfrac{2}{3}x - y = 2x - \dfrac{3}{4}y + 3 = -\dfrac{x}{3} + \dfrac{y}{2} - 9$

(4) $0.4x - 0.3y = 0.2x - 0.4y = 0.3x + 0.2y - 2.2$

6 次の問いに答えなさい。

(1) 連立方程式 $\begin{cases} ax + y = b \\ x - ay = b \end{cases}$ の解が $x = 3,\ y = -2$ のとき, a, b の値を求めなさい。

(2) 連立方程式 $\begin{cases} ax + by = 8 \\ bx - ay = -1 \end{cases}$ の解が $x = 2,\ y = -1$ のとき, a, b の値を求めなさい。

入試問題を やってみよう！

1 次の連立方程式を解きなさい。

(1) $\begin{cases} 2x - 3y = 16 \\ 4x + y = 18 \end{cases}$ 〔富山〕

(2) $\begin{cases} 2x + 3y = 9 \\ y = 3x + 14 \end{cases}$ 〔千葉〕

4 符号に注意してかっこをはずし，整理する。小数や分数は整数にしてから解く。

5 $A = B = C$ を $A = B$ と $B = C$, $A = B$ と $A = C$ などに分ける。

6 x, y の値を代入すると, a, b についての連立方程式になる。これを解く。

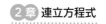

確認のワーク　ステージ **1**　**2節　連立方程式の活用**
1 連立方程式の活用(1)

例 **1** 合計と回数や個数の問題　　　教 p.44 → 基本 問題 **1 2**

1本70円の鉛筆と1本110円のボールペンを合わせて20本買ったら，代金の合計は1600円でした。買った鉛筆とボールペンの本数を，それぞれ求めなさい。

考え方
1. わかっている数量と求める数量を明らかにし，どの数量を文字で表すかを決める。
2. 等しい関係にある数量を見つけて，連立方程式をつくる。
3. 連立方程式を解く。
4. 連立方程式の解が，問題に適しているかどうか，確かめる。

解き方
1. 買った鉛筆の本数を x 本，ボールペンの本数を y 本とする。
2. 本数の合計から → $x+y=20$
   代金の合計から → $70x+110y=1600$

   これらを組にして，連立方程式 $\begin{cases} x+y=20 \\ 70x+110y=1600 \end{cases}$ をつくる。

3. 2の連立方程式を解くと，

   $x=\boxed{①\qquad}$ ， $y=\boxed{②\qquad}$

4. 鉛筆を $\boxed{①\qquad}$ 本，ボールペンを $\boxed{②\qquad}$ 本買うと，本数の合計は20本，代金の合計は1600円で，これは問題に適している。

   答　鉛筆 $\boxed{①\qquad}$ 本，ボールペン $\boxed{②\qquad}$ 本

例 **2** 代金と代金の問題　　　教 p.57 → 基本 問題 **3 4**

A，B2種類のお菓子があります。A1個とB2個では240円，A2個とB1個では210円になります。A1個，B1個の値段を，それぞれ求めなさい。

考え方　2通りの買い方の代金の合計に着目して連立方程式をつくる。

解き方　A1個の値段を x 円，B1個の値段を y 円とすると，

A1個とB2個…240円 → $x+2y=240$
A2個とB1個…210円 → $2x+y=210$

これらを組にして，連立方程式をつくると，

$\begin{cases} x+2y=240 \\ 2x+y=210 \end{cases}$

これを解いて，$x=\boxed{③\qquad}$ ， $y=\boxed{④\qquad}$

この解は，問題に適している。

問題文をよく読んでどの数量を x，y と表せばよいかを考えよう。

答　A $\boxed{③\qquad}$ 円，B $\boxed{④\qquad}$ 円

基本問題 ·······························解答 p.13

1 連立方程式を使って問題を解く手順 1個80円のオレンジと1個140円のりんごを合わせて15個買い，1560円はらいました。オレンジを x 個，りんごを y 個買ったとします。

(1) 個数の関係から，方程式をつくりなさい。

たいせつ
どの数量を x, y とするかを決め，2つの方程式をつくることが重要。

(2) 代金の関係から，方程式をつくりなさい。

ミス注意
答えを $x=●$, $y=▲$ と書かないこと。文章題では，問題に適した形で単位などをつけて答えないと，減点されてしまう。

(3) (1)と(2)の式を連立方程式として解き，オレンジとりんごの買った個数を，それぞれ求めなさい。

2章

2 合計と回数や個数の問題 1個100円のアイスクリームと1個150円のプリンを合わせて16個買ったところ，代金の合計は2000円でした。アイスクリームとプリンの買った個数を，それぞれ求めなさい。

教 p.58問1

3 代金と代金の問題 鉛筆4本とノート3冊の代金の合計は680円，鉛筆5本とノート6冊の代金の合計は1120円でした。鉛筆1本とノート1冊の値段を，それぞれ求めなさい。

教 p.58たしかめ1

4 代金と代金の問題 A，B2種類の缶ジュースがあります。A3本とB1本では480円，A2本とB5本では970円です。A1本とB1本の値段を，それぞれ求めなさい。

教 p.58たしかめ1

確認のワーク **ステージ 1** 2節　連立方程式の活用
❶ 連立方程式の活用(2)

例 1 速さの問題
教 p.58 → 基本問題 ❶ ❷

　A町から 18 km 離れた C 町へ行くのに，途中の B 町までを時速 4 km で歩き，B 町から C 町までを時速 6 km で歩いたところ，全体で 4 時間かかりました。A 町から B 町までの道のりと B 町から C 町までの道のりを，それぞれ求めなさい。

考え方「道のりの合計」と「時間の合計」に着目して連立方程式をつくる。

解き方 A 町から B 町までの道のりを x km，B 町から C 町までの道のりを y km とすると，

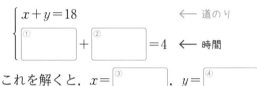

$$\begin{cases} x+y=18 & \text{← 道のり} \\ \boxed{①\ } + \boxed{②\ } = 4 & \text{← 時間} \end{cases}$$

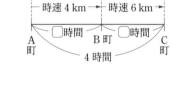

これを解くと，$x = \boxed{③\qquad}$，$y = \boxed{④\qquad}$

この解は問題に適している。

答　A 町から B 町まで $\boxed{③\qquad}$ km，B 町から C 町まで $\boxed{④\qquad}$ km

覚えておこう

A 町から B 町までかかった時間を x 時間，B 町から C 町までかかった時間を y 時間として，連立方程式をつくってもよい。

$$\begin{cases} 4x+6y=18 & \text{← 道のり} \\ x+y=4 & \text{← 時間} \end{cases}$$
↑ x, y の係数が整数になる

例 2 割合の問題
教 p.60 → 基本問題 ❸ ❹

　ある店では，ケーキとドーナツを合わせて 300 個つくりました。そのうち，ケーキは 70 %，ドーナツは 80 % それぞれ売れ，合わせて 220 個売れました。

　この店でつくったケーキとドーナツの個数を，それぞれ求めなさい。

考え方 ケーキを x 個，ドーナツを y 個つくったとして数量を整理すると，右の表のようになる。

解き方 ケーキを x 個，ドーナツを y 個つくったとすると，

	ケーキ	ドーナツ	合計
つくった個数 (個)	x	y	300
売れた個数 (個)	⑤	⑥	220

$$\begin{cases} x+y=300 & \text{← つくった個数} \\ \boxed{⑤\ } + \boxed{⑥\ } = 220 & \text{← 売れた個数} \end{cases}$$

これを解くと，$x = \boxed{⑦\qquad}$，$y = \boxed{⑧\qquad}$

この解は問題に適している。

答　ケーキ $\boxed{⑦\qquad}$ 個，ドーナツ $\boxed{⑧\qquad}$ 個

基 本 問 題

解答 p.13

1 速さの問題　A地からB地を通ってC地まで行く道のりは24kmです。ある人が，A地からB地までは時速20kmで自転車で行き，B地からC地までは時速4kmで歩いたところ，全体で3時間かかりました。A地からB地までの道のりと，B地からC地までの道のりを，それぞれ求めなさい。

教 p.60たしかめ2

> 思い出そう‥
> (道のり)＝(速さ)×(時間)
> (時間)＝(道のり)÷(速さ)

2 速さの問題　A市から110km離れたC市まで自動車で行くのに，途中のB市までは時速40kmで走り，B市からC市までは高速道路を使って時速100kmで走ったので，全体で2時間で着きました。A市からB市までの道のりと，B市からC市までの道のりを，それぞれ求めなさい。

教 p.60たしかめ2

3 割合の問題　ある店では，昨日はプリンとゼリーが合わせて100個売れました。今日は，プリンが昨日の90％，ゼリーが昨日の70％，合わせて82個売れました。この店で昨日売れたプリンとゼリーの個数を，それぞれ求めなさい。

教 p.61問2

> 昨日売れたプリンをx個，ゼリーをy個とおこう！

4 割合の問題　ある中学校の生徒数は，昨年度は300人でした。今年度は男子が20％減り，女子が10％増えたので全体で282人になりました。昨年度の男子の人数と女子の人数を，それぞれ求めなさい。

教 p.61問2

> 20％減ると昨年の何％になるかな？
> 10％増えると昨年の何％になるかな？

左ページの 例 の答え　① $\dfrac{x}{4}$　② $\dfrac{y}{6}$　③ 12　④ 6　⑤ $\dfrac{70}{100}x\,(0.7x)$　⑥ $\dfrac{80}{100}y\,(0.8y)$　⑦ 200　⑧ 100

解答 p.14

 定着のワーク　ステージ2　**2節　連立方程式の活用**

❶ ばらを3本とカーネーションを6本買ったら代金は1770円，ばらを5本とカーネーションを7本買ったら代金は2410円でした。ばら1本，カーネーション1本の値段を，それぞれ求めなさい。

❷ 2000円を持ってりんごとかきを買いに行ったところ，りんご12個とかき8個を買うと80円不足し，りんご8個とかき12個を買うと80円あまることがわかりました。りんご1個とかき1個の値段を，それぞれ求めなさい。

❸ 2桁の自然数があります。この数の十の位の数と一の位の数の和は10で，十の位の数と一の位の数を入れかえてできる数は，もとの数より18大きくなります。このとき，もとの自然数を求めなさい。

❹ A君が家から2000m離れた駅へ行くのに，はじめは分速60mで歩き，途中から分速130mで走ったところ全体で24分かかりました。A君の歩いた道のりと，走った道のりを，それぞれ求めなさい。

❺ 自動車で，A地からB地を通ってC地まで時速40kmで行くと1時間30分かかり，AB間を時速30km，BC間を時速60kmで行くと1時間10分かかります。BC間の道のりはAB間の道のりの何倍ですか。

❻ ある中学校の2年生の中で男子の10％と女子の15％がテニス部員で，その人数は男女合わせて14人です。また，2年生の生徒数は全体で110人です。2年生全体の男子の人数と女子の人数を，それぞれ求めなさい。

 ヒントの森
❷ 80円不足する→代金は 2000＋80（円）。80円あまる→代金は 2000－80（円）。
❺ AB間の道のり，BC間の道のりをそれぞれ求めてから何倍か考える。
❻ テニス部員の人数と2年生全体の人数に着目して連立方程式をつくる。

⭐**7** ある資格試験の今年の受験者数は，全部で1404人でした。これを昨年と比べると，男子は12％の増加，女子は6％の減少で，全体では4％の増加でした。今年の男子と女子の受験者数を，それぞれ求めなさい。

8 鉛筆を6本とノートを4冊買ったら，代金の合計は1320円でした。鉛筆1本とノート1冊の値段の比は 4：5 です。鉛筆1本とノート1冊の値段を，それぞれ求めなさい。

9 8％の食塩水と16％の食塩水を混ぜ合わせて濃度が12％の食塩水を500gつくることにします。食塩水をそれぞれ何gずつ混ぜればよいか求めなさい。

⭐**10** ある町には，A中学校とB中学校があります。A中学校の全校生徒数は，B中学校の全校生徒数の3倍より10人少ないそうです。それぞれの中学校の全校生徒数に対する3年生の生徒数の割合は，A中学校では30％，B中学校では35％です。また，A中学校の3年生とB中学校の3年生の合計人数は147人です。A中学校の全校生徒数とB中学校の全校生徒数を，それぞれ求めなさい。

入試問題を やってみよう！ ･････････････････

①　A中学校の生徒数は，男女合わせて365人です。そのうち，男子の80％と女子の60％が，運動部に所属しており，その人数は257人でした。　〔富山〕

(1)　A中学校の男子の生徒数をx人，女子の生徒数をy人として，連立方程式をつくりなさい。

(2)　A中学校の男子の生徒数と女子の生徒数を，それぞれ求めなさい。

②　2桁の自然数があります。この自然数の十の位の数と一の位の数の和は，一の位の数の4倍よりも8小さくなります。また，十の位の数と一の位の数を入れかえてできる2桁の自然数と，もとの自然数との和は132です。もとの自然数を求めなさい。ただし，用いる文字が何を表すかを最初に書いてから連立方程式をつくり，答えを求める過程も書くこと。　〔愛媛〕

7 昨年の男子と女子の人数をそれぞれx人，y人とした場合，x，yの値は答えにはならない。

8 $a:b=c:d$ → $ad=bc$ として方程式をつくる。

9 食塩水の濃度（％）は，（食塩水の濃度）＝（食塩の重さ）÷（食塩水の重さ）×100

連立方程式

解答 p.15

/100

1 x, y が自然数のとき, 次の 2 元 1 次方程式の解を求めなさい。 5点×2（10点）

(1) $2x + y = 8$

(2) $x + y = 6$

$\left(\right)$ $\left(\right)$

2 次の⑦〜⊆で, 連立方程式 $\begin{cases} 5x - 2y = 23 \\ 8x + 3y = 12 \end{cases}$ の解はどれですか。 （5点）

⑦ $x = 3$, $y = 4$　　　① $x = -3$, $y = 4$　　　⑨ $x = 3$, $y = -4$　　　⊆ $x = -3$, $y = -4$

$\left(\right)$

3 次の連立方程式を解きなさい。 5点×6（30点）

(1) $\begin{cases} 3x - 2y = 13 \\ x + 2y = -1 \end{cases}$

(2) $\begin{cases} 3x + y = 5 \\ x = 3y - 5 \end{cases}$

$\left(\right)$ $\left(\right)$

(3) $\begin{cases} 5x - 2y = 2 \\ 2(x - y) + x = -2 \end{cases}$

(4) $\begin{cases} -6x + 7y = -19 \\ 0.3x - 0.5y = 1.1 \end{cases}$

$\left(\right)$ $\left(\right)$

(5) $\begin{cases} \dfrac{1}{5}x + \dfrac{1}{4}y = 5 \\ 2x - 3y = 6 \end{cases}$

(6) $\begin{cases} 1.1x + 0.3y = 0.2 \\ \dfrac{2}{3}x + \dfrac{1}{2}y = -\dfrac{5}{6} \end{cases}$

$\left(\right)$ $\left(\right)$

4 次の方程式を解きなさい。 5点×2（10点）

(1) $5x - 7y = -3x + 5y = 4x - 3y - 5$

(2) $2x + 3y = -x - 3y = 3x + 7$

$\left(\right)$ $\left(\right)$

目標	計算問題は，工夫して効率よく正解しよう。文章題では，数量の関係を2つの方程式に表すことがポイントになる。

自分の得点まで色をぬろう！

😣がんばろう！	😥もう一歩	😊合格！
0	60　80	100点

5 1個100円のりんごと1個160円のなしを合わせて12個買います。代金の合計を1740円にするには，りんごとなしを何個買えばよいか，それぞれ求めなさい。　　　　　　(9点)

(　　　　　　　　　　　　　)

6 AとBの2種類のアイスクリームがあります。A3個とB5個では1250円，A5個とB3個では1550円になります。A1個，B1個の値段を，それぞれ求めなさい。　　　　　(9点)

(　　　　　　　　　　　　　)

7 A市から150km離れたC市まで行くのに，途中のB市までは高速道路を使って時速100kmで走り，B市からC市までは一般の道路を時速20kmで走ったので，全体で2時間30分かかりました。A市からB市までの道のりと，B市からC市までの道のりを，それぞれ求めなさい。　　　　　　(9点)

(　　　　　　　　　　　　　)

8 ある工場で，製品Aと製品Bを合わせて450個つくったところ，不良品が製品Aには20％，製品Bには10％でき，不良品の合計は70個になりました。この工場では，製品Aと製品Bをそれぞれ何個つくったのか，それぞれ求めなさい。　　　　　　(9点)

(　　　　　　　　　　　　　)

9 ある中学校の昨年度の生徒数は，男子と女子を合わせて530人でした。今年度は，昨年度と比べて，男子は10％減り，女子は15％増えたので，男女合わせて537人になりました。今年度の男子と女子の生徒数を，それぞれ求めなさい。　　　　　　(9点)

(　　　　　　　　　　　　　)

アプリ【どこでもワーク計算編】をやって，さらに力をつけよう！

1節　1次関数
■ 1 次関数
■ 1 次関数の値の変化

例❶ 1次関数

教 p.70 → 基本問題❶❷

　直方体の形をした水そうに，30 cm の高さまで水が入っています。この水そうに，1分間に5 cm ずつ水面が高くなるように水を入れていきます。水を入れ始めてから x 分後の水面の高さを y cm とすると，y は x の1次関数であるといえますか。

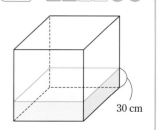

30 cm

(考え方) y が x の関数で，$y = ax + b$（a，b は定数，ただし $a \neq 0$）のように，y が x の1次式で表されるとき，y は x の1次関数であるという。

(解き方) 1分間に5 cm だから，x 分間では 5x cm 高くなっている。

もともと高さ30 cm まで水が入っていたのだから，

$$y = \boxed{①} x + \boxed{②}$$

$y = ax + b$（a，b は定数）の形で表されるから，y は x の1次関数であるといえる。

> 比例の関係（$y = ax$）は，1次関数の特別な場合であるといえるね。

> ▶ たいせつ
> $y = \underset{\substack{\uparrow \\ x \text{に比例} \\ \text{する部分}}}{\boxed{ax}} + \underset{\substack{\uparrow \\ \text{定数の} \\ \text{部分}}}{\boxed{b}}$

例❷ 1次関数の変化の割合

教 p.72 → 基本問題❸❹

　1次関数 $y = 3x - 2$ について，x の値が次のように増加するときの変化の割合を求めなさい。

(1)　1 から 5 まで

(2)　-2 から 1 まで

(考え方) x の増加量に対する y の増加量の割合を変化の割合という。

$$(\text{変化の割合}) = \frac{(\,y\,の増加量\,)}{(\,x\,の増加量\,)} \text{ から考える。}$$

(解き方) (1)　x の増加量は，$5 - 1 = 4$

y の増加量は，$(3 \times 5 - 2) - (3 \times 1 - 2) = \boxed{12}$

だから，

$$(\text{変化の割合}) = \frac{(\,y\,の増加量\,)}{(\,x\,の増加量\,)} = \frac{12}{4} = \boxed{③}$$

(2)　x の増加量は，$1 - (-2) = 3$

y の増加量は，$(3 \times 1 - 2) - \{3 \times (-2) - 2\} = \boxed{9}$

だから，

$$(\text{変化の割合}) = \frac{(\,y\,の増加量\,)}{(\,x\,の増加量\,)} = \frac{9}{3} = \boxed{④}$$

> ▶ たいせつ
> 1次関数 $y = ax + b$ では，x の値がどの値からどれだけ増加しても，変化の割合は一定で，x の係数 a に等しい。
> $$(\text{変化の割合}) = \frac{(\,y\,の増加量\,)}{(\,x\,の増加量\,)} = a$$

> 1次関数 $y = ax + b$ では，変化の割合は一定で a に等しい。

基本問題

解答 p.16

1 1次関数　水面の高さが 20 cm のところまで水が入っているふろに，1分間に 4 cm ずつ水面が高くなるように水を入れます。水を入れ始めてから x 分後の水面の高さを y cm とします。

教 p.71たしかめ1

(1)　x の値に対応する y の値を求め，下の表の空らんをうめなさい。

x（分）	0	1	2	3	4	5	6
y（cm）	20	24	⑦	⑦	⑦	⑦	⑦

(2)　y を x の式で表しなさい。

> **たいせつ**
> (3)　1次関数は，必ず
> $$y = ax + b$$
> （a, b は定数）
> の形に表すことができる。

(3)　y は x の1次関数であるといえますか。

2 1次関数　次の(1)～(2)で，y は x の1次関数であるといえますか。

教 p.71たしかめ1

(1)　火をつけると毎分 0.4 cm ずつ短くなる長さ 8 cm のろうそくの，火をつけてから x 分後の長さ y cm

> **ここがポイント**
> それぞれの x と y の関係を式で表してみて，$y = ax + b$ の形になっているなら，y は x の1次関数である。

(2)　底辺が 16 cm で，高さが x cm の三角形の面積 y cm²

3 1次関数の変化の割合　1次関数 $y = 2x + 3$ について，x の値が次の(1)，(2)のように増加するときの変化の割合を求めなさい。

教 p.73問2, 問3

(1)　2 から 6 まで　　　　　　　　(2)　−8 から −3 まで

4 x の増加量と y の増加量　次の1次関数で，x の増加量が1のときの y の増加量を求めなさい。また，x の増加量が5のときの y の増加量を求めなさい。

教 p.74たしかめ3

(1)　$y = 4x - 1$　　　　　　(2)　$y = -x + 9$

> **覚えておこう**
> （y の増加量）
> ＝（変化の割合）×（x の増加量）

確認のワーク　ステージ1　1節　1次関数
3　1次関数のグラフ(1)

例1　1次関数のグラフ　　　　　　　　　教 p.75 → 基本問題 ①

1次関数 $y=-2x-3$ のグラフは $y=-2x$ のグラフをどのように移動したものですか。

考え方　$y=ax+b$ のグラフは，$y=ax$ のグラフを y 軸の正の方向に b だけ平行移動した直線である。この b を，$y=ax+b$ のグラフの切片という。1次関数 $y=-2x-3$ の -3 に着目して考える。

解き方　$y=-2x-3$ のグラフは，$y=-2x$ のグラフを y 軸の負

の方向に　①□□　だけ平行移動した直線である。

言いかえると，y 軸の正の方向に　②□□　だけ平行移動した

直線である。

1次関数 $y=ax+b$ の b は，$x=0$ のときの y の値だね。

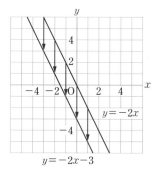

例2　1次関数のグラフのかき方　　　　　教 p.80 → 基本問題 ④

1次関数 $y=-2x+1$ のグラフをかきなさい。

考え方　次の①と②で，グラフが通る2点を決めてグラフをかく。
① 切片を求める。
② 傾きから，通る点を考える。→ x 座標，y 座標がともに整数の点を決める
　→ 2点を決めると，直線は1つに決まる。

解き方　切片は1だから，点 $(0,\ 1)$
を通る。　$y=-2x+1$

傾きは -2 だから，点 $(0,\ 1)$ から右へ1進
$y=-2x+1$

み，下へ2進んだ点 $(1,\ -1)$ を通る。

したがって，

2点 $(0,$ ③□$)$，

$($ ④□$,$ ⑤□$)$ を通る直線をかく。

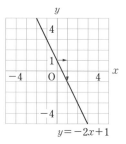

たいせつ

1次関数 $y=ax+b$ のグラフは，傾きが a，y 軸上の切片が b の直線。

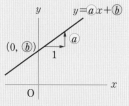

・$a>0$ のとき，右上がりの直線
・$a<0$ のとき，右下がりの直線

基本問題 .... 解答 p.16

1 1次関数のグラフ $y=3x$ のグラフを利用して，1次関数 $y=3x-5$ のグラフを右の図にかきなさい。また，そのグラフは，$y=3x$ のグラフをどのように移動させたものですか。 教 p.76問3

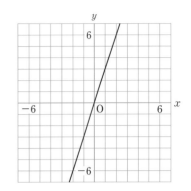

ここがポイント

比例と1次関数の関係
$y=3x \Rightarrow y=3x-5$
動かす方向と，どれだけ
動かすかについて考える。

3 章

2 1次関数のグラフの傾きと切片 次の1次関数のグラフの傾きと切片を，それぞれ答えなさい。

教 p.78たしかめ4

(1) $y=-x+9$ (2) $y=4x-7$

覚えておこう

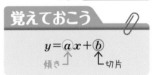

3 1次関数のグラフの傾き 右の⑦〜⊆の直線は，すべて1次関数 $y=ax+1$ のグラフです。グラフの傾きをそれぞれ求め，傾きの大きい順に記号で答えなさい。 教 p.78問5

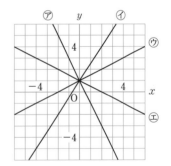

4 1次関数のグラフのかき方 次の1次関数のグラフをかきなさい。 教 p.80問7

(1) $y=4x-1$ (2) $y=-3x+2$

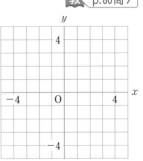

(3) $y=-\dfrac{1}{2}x+2$ (4) $y=\dfrac{2}{5}x-1$

ここがポイント

切片から y 軸上の点を求め，
傾きに合わせて直線をひく。

1節　1次関数
3 1次関数のグラフ(2)
4 1次関数の式の求め方(1)

例1 1次関数の変域とグラフ

教 p.81 → 基本問題 1

1次関数 $y=-x+3$ で，x の変域が $-3 \leqq x < 4$ のときの y の変域を求めなさい。

考え方 $x=-3$，$x=4$ のときの y の値をそれぞれ求める。

y の変域は，その間になる。不等号 $\leqq$ と $<$ のちがいにも注意する。

解き方 グラフで考えると，y の変域は右の図のようになる。

グラフは，点 $(4, -1)$ をふくまないので，y の変域は

$$\boxed{①} < y \leqq \boxed{②} \quad となる。$$

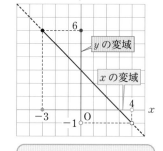

y の変域
x の変域

ミス注意

$x \geqq a$ … x は a 以上（a をふくむ）
$x > a$ … x は a より大きい（a をふくまない）
$x \leqq a$ … x は a 以下（a をふくむ）
$x < a$ … x は a 未満（a をふくまない）

思い出そう
ある変数のとりうる値の範囲を，その変数の変域という。

● はその点をふくむこと，
○ はその点をふくまないことを表しているよ。

例2 切片と傾きから直線の式を求める

教 p.82 → 基本問題 2

右の図の直線①〜③の式を求めなさい。

考え方 切片と傾きをグラフから読みとる。

解き方 ①　切片は -2 である。

右へ1進むと上へ1進むから，傾きは1である。

したがって，求める直線の式は，

$$y = \boxed{③}$$

②　切片は1である。

右へ1進むと下へ2進むから，傾きは -2 である。

したがって，求める直線の式は，

$$y = \boxed{④}$$

③　切片は2である。

右へ2進むと上へ3進むから，傾きは $\dfrac{3}{2}$ である。

したがって，求める直線の式は，

$$y = \boxed{⑤}$$

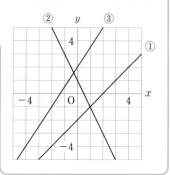

たいせつ
1次関数 $y=5x-2$ のグラフを直線 $y=5x-2$ といい，$y=5x-2$ を直線の式ということがある。

思い出そう
$$y = ⓐx + ⓑ$$
傾き↑　　↑切片

基本問題 ·········· 解答 p.17

1 1次関数の変域とグラフ　次の問いに答えなさい。

教 p.81たしかめ5

(1)　1次関数 $y=2x+1$ で，x の変域が $-3<x\leqq3$ のときの y の変域を求めなさい。

ここが ポイント
まず，$x=-3$，$x=3$ のときの y の値を求める。

(2)　1次関数 $y=3x-3$ で，x の変域が $4\leqq x<8$ のときの y の変域を求めなさい。

(3)　1次関数 $y=-2x+5$ で，x の変域が $3<x<5$ のときの y の変域を求めなさい。

不等号のちがいにも注意しよう。

(4)　1次関数 $y=-3x+2$ で，x の変域が $-1\leqq x<2$ のときの y の変域を求めなさい。

2 切片と傾きから直線の式を求める　次の問いに答えなさい。

教 p.82問1

(1)　右の図の直線①〜③の式を求めなさい。

ここが ポイント
直線の切片と傾きを調べれば，直線の式を求めることができる。

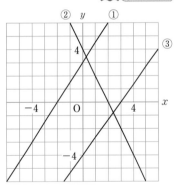

(2)　右の図の直線①〜③の式を求めなさい。

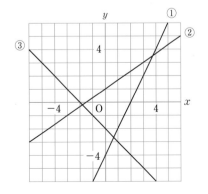

確認のワーク **ステージ1**

1節　1次関数
❹ 1次関数の式の求め方(2)

例1 直線が通る1点の座標と傾きから式を求める —— 教 p.82 → 基本問題❶

点 $(1, 3)$ を通り，傾きが -4 の直線の式を求めなさい。

考え方　① 傾きが●の直線の式を $y = ●x + b$ とおく。
　　　　　② ①の式に直線が通る1点の x 座標，y 座標の値を代入して
　　　　　　 b の値を求める。

解き方　傾きが -4 であるから，求める直線の式は $y = -4x + b$ と表

すことができる。

　　この直線は点 $(1, 3)$ を通るから，この式に $x = 1$，$y = 3$ を代入

すると，

　　$3 = -4 \times 1 + b$

　　$b = 7$

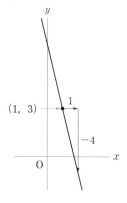

　　したがって，求める直線の式は，$y = \boxed{①}x + \boxed{②}$

例2 直線が通る2点の座標から式を求める —— 教 p.83 → 基本問題❷

2点 $(2, 1)$，$(6, 9)$ を通る直線の式を求めなさい。

考え方　・直線の傾き●を求め，$y = ●x + b$ とおき，b の値を求める。
　　　　　・2点の x 座標，y 座標の値から，傾き a，切片 b についての連立方程式をつくり，そ
　　　　　　れを解いて，a と b の値を求める。

解き方　2点 $(2, 1)$，$(6, 9)$ を通るから，傾きは，$\dfrac{9-1}{6-2} = ②$

　　よって，求める直線の式は $y = ②x + b$ と表すことができる。
　　点 $(2, 1)$ を通るから，この式に $x = 2$，$y = 1$ を代入すると，
　　$1 = ② \times 2 + b$
　　$b = -3$

　　したがって，求める直線の式は，$y = \boxed{③}x - \boxed{④}$

別解　求める直線の式を $y = ax + b$ とすると，直線が通る2点の
座標から次の連立方程式をつくることができる。

$$\begin{cases} 1 = 2a + b & \leftarrow \text{点}(2, 1)\text{を通るから，} x=2, y=1 \text{ を代入} \\ 9 = 6a + b & \leftarrow \text{点}(6, 9)\text{を通るから，} x=6, y=9 \text{ を代入} \end{cases}$$

　　これを解いて，$a = \boxed{⑤}$，$b = \boxed{⑥}$

　　したがって，求める直線の式は，$y = \boxed{③}x - \boxed{④}$

基本問題 ⋯⋯⋯⋯⋯⋯⋯⋯⋯⋯⋯⋯⋯⋯⋯⋯⋯⋯⋯⋯ 解答 ▶ p.17

1 直線が通る1点の座標と傾きから式を求める　次の問いに答えなさい。 教 p.83 たしかめ1, 問3

(1)　点 $(1, 3)$ を通り，傾きが -1 の直線の式を求めなさい。

(2)　点 $(2, 5)$ を通り，傾きが 3 の直線の式を求めなさい。

(3)　点 $(2, 3)$ を通り，$y = 4x + 5$ に平行な直線の式を求めなさい。

> **思い出そう**
> (3)　直線が平行
> → 傾きが等しい

(4)　変化の割合が $-\dfrac{1}{2}$ で，$x = 3$ のとき $y = 0$ である直線の式を求めなさい。

(5)　変化の割合が $-\dfrac{2}{5}$ で，$x = 2$ のとき $y = -1$ である直線の式を求めなさい。

2 直線が通る2点の座標から式を求める　次の問いに答えなさい。  教 p.84 たしかめ2, 問4

(1)　2点 $(1, -3)$，$(3, 1)$ を通る直線の式を求めなさい。

(2)　2点 $(3, -1)$，$(5, -5)$ を通る直線の式を求めなさい。

(3)　2点 $(-1, -1)$，$(2, -10)$ を通る直線の式を求めなさい。

(4)　$x = 3$ のとき $y = 7$，$x = 5$ のとき $y = 17$ である1次関数の式を求めなさい。

(5)　$x = 2$ のとき $y = 3$，$x = 5$ のとき $y = 5$ である1次関数の式を求めなさい。

> 先に傾きを求める方法，連立方程式を使う方法のどちらの方法でも解けるよ。

解答 ▶ p.19

1節　1次関数

1 次の1次関数のグラフは，$y=-5x$ のグラフを y 軸の正または負の方向にどれだけ平行移動した直線ですか。また，それぞれについて切片を答えなさい。

(1)　$y=-5x-3$　　　　　　　　　　(2)　$y=-5x+7$

2 次の問いに答えなさい。

(1)　1次関数 $y=3x-1$ で，x の値が -2 から 3 まで増加するとき，y の増加量は x の増加量の何倍ですか。

(2)　1次関数 $y=\dfrac{1}{2}x+1$ で，x の増加量が -4 のときの y の増加量を求めなさい。

(3)　1次関数 $y=\dfrac{7}{8}x-\dfrac{5}{2}$ の変化の割合を求めなさい。

3 次の1次関数のグラフをかきなさい。

(1)　$y=-\dfrac{1}{2}x+3$　　　　(2)　$y=\dfrac{4}{3}x-4$

(3)　$y=-\dfrac{3}{4}x-2$

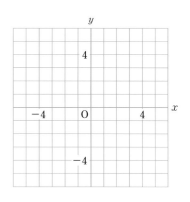

4 1次関数 $y=-\dfrac{3}{4}x+1$ で，x の変域が $-4\leqq x<8$ のときの y の変域を求めなさい。

5 次の直線の式を求めなさい。

(1)　右の図の直線

(2)　点 $(-6,\ 5)$ を通り，傾きが $-\dfrac{1}{2}$ の直線

(3)　変化の割合が $-\dfrac{2}{5}$ で，$x=5$ のとき $y=-4$ である直線

(4)　2点 $(-9,\ -10)$，$(-3,\ -6)$ を通る直線

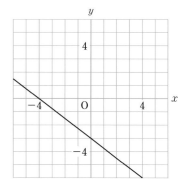

1 $y=ax+b$ のグラフの切片は b である。

5 (4) 傾きを求めて，通る1点の x 座標，y 座標の値を代入する方法と，$y=ax+b$ に2点の x 座標，y 座標の値を代入して a，b の連立方程式として解く方法の2つの解き方がある。

6 次の直線の式を求めなさい。

(1) 点 $(3, 6)$ を通り，直線 $y = 4x + 5$ に平行な直線

(2) 1 つの点から右へ 2 進むと，下へ 8 進み，点 $(-1, -6)$ を通る直線

7 次の問いに答えなさい。

(1) 1 次関数 $y = ax - 4$ のグラフには，a の値にかかわらず，かならず通る点があります。その点の座標を求めなさい。

(2) 1 次関数 $y = ax + b$ のグラフが右の図のようになるとき，$a - b$ の値は，負の数，0，正の数のどれになりますか。

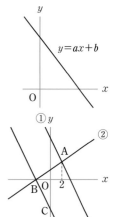

8 右の図のように，2 つの直線 $y = -2x + 7$ …①，$y = ax + \dfrac{5}{3}$ …②

(a は定数) があります。点Aは直線①と直線②の交点で，点Aの x 座標は 2 です。点Bは直線②と x 軸との交点，点Cは，点Bを通り直線①に平行な直線と y 軸との交点です。

(1) a の値を求めなさい。

(2) 直線 BC の式を求めなさい。

入試問題を やってみよう！

1 関数 $y = 4x + 5$ について述べた文として正しいものを，次の㋐〜㋑の中から全て選び，符号で書きなさい。　　　　　〔岐阜〕

㋐ グラフは点 $(4, 5)$ を通る。

㋑ グラフは右上がりの直線である。

㋒ x の値が -2 から 1 まで増加するときの y の増加量は 4 である。

㋓ グラフは，$y = 4x$ のグラフを，y 軸の正の向きに 5 だけ平行移動させたものである。

6 (1) 平行な直線の傾きは等しい。

7 (1) 直線 $y = ax + b$ は，かならず点 $(0, b)$ を通る。

8 2 つの直線の式，点Aの x 座標が 2 であることなどから，順に考える。

確認のワーク **ステージ 1** 2節　1次関数と方程式
1 2元1次方程式のグラフ

例1 2元1次方程式のグラフ ──── 教 p.87, 88 → 基本問題 1 2

方程式 $2x+3y=6$ のグラフをかきなさい。

考え方 2元1次方程式 $ax+by=c$ の解を座標とする点をすべてとると，直線になる。この直線を，2元1次方程式 $ax+by=c$ のグラフという。

解き方 $2x+3y=6$ を y について解くと，

$$y=\boxed{}^{①}x+2$$

したがって，グラフは傾きが $\boxed{}^{①}$，切片が 2 の直線である。

別解 この方程式の解となる x，y の値(あたい)の組を 2 つ見つける。

$x=0$ のとき，$y=2$

$y=0$ のとき，$x=3$

したがって，2点 $(0,\boxed{}^{②})$，$(\boxed{}^{③},0)$ を通る直線をひけばよい。

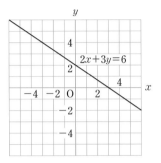

➤ **たいせつ**

2元1次方程式
$ax+by=c$ のグラフは直線である。

例2 $y=k$，$x=h$ のグラフ ──── 教 p.88, 89 → 基本問題 3

次の方程式のグラフをかきなさい。

(1)　$y=4$

(2)　$x=1$

考え方 (1)　方程式 $y=4$ では，

　　　　$\underset{0\times x+1\times y=4}{}$

　　x がどんな値をとっても

　　y の値はつねに 4 である。

(2)　方程式 $x=1$ では，

　　　$\underset{1\times x+0\times y=1}{}$

　　y がどんな値をとっても x の値

　　はつねに 1 である。

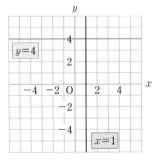

解き方 (1)　$y=4$ のグラフは，

　　点 $(0,4)$ を通り，$\boxed{}^{④}$ 軸に平行な直線である。

(2)　$x=1$ のグラフは，点 $(1,0)$ を通り，$\boxed{}^{⑤}$ 軸に平行な直線である。

➤ **たいせつ**

$y=k$ のグラフは，
点 $(0,\ k)$ を通り，
x 軸に平行な直線。
$x=h$ のグラフは，
点 $(h,\ 0)$ を通り，
y 軸に平行な直線。

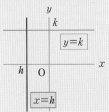

基本問題

解答 p.21

1 $ax+by=c$ **のグラフ①** 次の2元1次方程式を y について解きなさい。また，そのグラフを，右の図にかきなさい。

教 p.87問1

(1) $2x-y=-4$

(2) $x+2y=-6$

(3) $2x-3y-6=0$

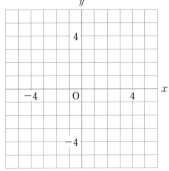

思い出そう

等式の変形

$a+b=c$

→ 移項

$a=c-b$

$a\times b=c$

→

$a=c\div b$

2 $ax+by=c$ **のグラフ②** 次の方程式のグラフと y 軸，x 軸との交点の座標を求めなさい。また，そのグラフを，右の図にかきなさい。

教 p.88問2

(1) $3x-2y=-6$

(2) $4x+3y=12$

(3) $\dfrac{x}{6}-\dfrac{y}{2}=1$

ここがポイント

y 軸との交点の y 座標
→ $x=0$ のときの y の値を求める。
x 軸との交点の x 座標
→ $y=0$ のときの x の値を求める。
2点の座標がわかったら，グラフは，その2点を通る直線である。

3 $y=k$ **のグラフ，** $x=h$ **のグラフ** 次の方程式のグラフを，右の図にかきなさい。

教 p.89問4

(1) $y=1$

(2) $2y+10=0$

(3) $x=3$

(4) $2x+4=0$

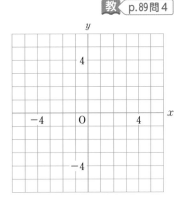

確認のワーク ステージ1

2節　1次関数と方程式
2 連立方程式とグラフ

例1 連立方程式の解とグラフの交点 ────── 教 p.90 → 基本問題1

連立方程式 $\begin{cases} x+y=1 & \cdots\cdots① \\ 2x-y=-4 & \cdots\cdots② \end{cases}$ の解を，グラフを使って求めなさい。

考え方 方程式①，②のグラフをかいて，交点の座標を読みとる。

解き方 ①を y について解くと，

　　$y=-x+1$ ← 傾きが-1，切片が1の直線

②を y について解くと，

　　$y=2x+4$ ← 傾きが2，切片が4の直線

方程式①，②のグラフをかくと，右の図のようになる。

直線①，②の交点の x 座標，y 座標の組は，2つの方程式の共通する解であるから，連立方程式の解は，

　$x=\boxed{①}$, $y=\boxed{②}$ ← 交点の座標を答えないように注意する

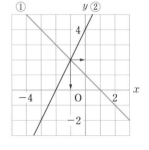

解はグラフの交点からわかるね。

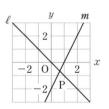

> **たいせつ**
>
> x, y についての連立方程式の解は，それぞれの方程式のグラフの交点の x 座標，y 座標の組である。

例2 2直線の交点の座標 ────── 教 p.91 → 基本問題2 3

右の図のように，2直線 ℓ, m が点Pで交わっています。
点Pの座標を求めなさい。

考え方 2直線の交点の座標は，2つの直線の式を組にした連立方程式を解いて求めることができる。

解き方 直線 ℓ の切片は0で，傾きは -1 である。

したがって，ℓ の式は $y=-x$ ……①

直線 m の切片は -2 で，傾きは2である。

したがって，m の式は $y=2x-2$ ……②

①，②を組にした連立方程式を解くと，

　$x=\boxed{③}$, $y=\boxed{④}$

> **思い出そう**
>
> 連立方程式の解き方
> 加減法や代入法を使って，一方の文字を消去する。

答　$P(\boxed{③}, \boxed{④})$

基本問題 .... 解答 ▶ p.21

1 連立方程式の解とグラフの交点　次の連立方程式の解を，グラフを使って求めなさい。

教 p.91たしかめ1

(1) $\begin{cases} x+y=1 \\ 2x-y=5 \end{cases}$

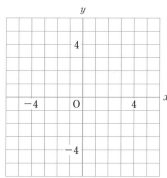

(2) $\begin{cases} x-2y=-7 \\ 2x+y=6 \end{cases}$

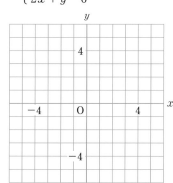

2 2直線の交点の座標　右の図の2直線 ℓ, m の交点Pの座標を，次の(1)，(2)の手順で求めなさい。

教 p.91問2

(1)　2直線 ℓ, m の式をそれぞれ求めなさい。

(2)　(1)で求めた2つの式を組にした連立方程式を解いて，交点Pの座標を求めなさい。

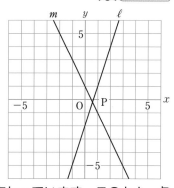

3 2直線の交点の座標　次の図のように，2直線 ℓ, m が点Pで交わっています。このとき，点Pの座標を求めなさい。

教 p.91問2

(1)

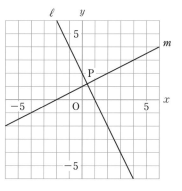

(2)

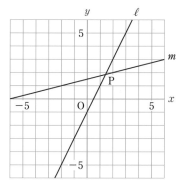

ここが ポイント
まず，直線 ℓ, m の式を求め，2つの式を連立方程式として解く。

左ページの
例 の答え　①-1　②$2$　③$\dfrac{2}{3}$　④$-\dfrac{2}{3}$

3章　1次関数

確認のワーク　ステージ1　3節　1次関数の活用
1 1次関数の活用(1)

例1 時間と水温

教 p.92 → 基本問題1

水温が 11℃ の水を熱したところ，熱し始めてからの時間と水温の関係は下の表のようになりました。9分後の水温は，およそ何 ℃ であると考えられますか。

時間(分)	0	1	2	3	4	5	6
水温(℃)	11.0	17.5	24.5	30.4	37.5	43.4	50.0

考え方 時間を x 分，水温を y℃ としてグラフにすると，右のようにほぼ直線となり，y は x の1次関数とみることができる。

解き方 $x=0$ のとき $y=11$，$x=6$ のとき $y=50$ であることから，

直線の式は $y=$ ①⬚ $x+$ ②⬚

この式に $x=9$ を代入して，$y=$ ③⬚

答 ③⬚ ℃

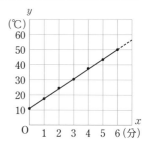

表をグラフで表すと1次関数になっていることがわかるね。

例2 移動した時間と道のり

教 p.93 → 基本問題2

家から 1200 m 離れた場所に駅があります。兄は家から駅まで歩いて行き，弟は，兄が家を出てから4分後に，自転車で兄と同じ道を通って，家から駅まで行きました。右の図は，兄が家を出てからの時間を x 分，家からの道のりを y m として，兄と弟が進んだようすをグラフに表したものです。

(1) 弟が兄に追いついたのは，兄が家を出てから何分後ですか。

(2) 弟は家から何 m 離れた地点で，兄に追いついたかを求めなさい。

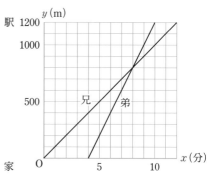

考え方 2直線はそれぞれ，兄と弟の進んだ道のりと時間の関係を表しているので，これらの交点の座標を読みとればよい。

解き方 (1) 交点の x 座標は ④⬚ なので，兄が家を出てから ④⬚ 分後である。

(2) 交点の y 座標は ⑤⬚ なので，家から ⑤⬚ m 離れた地点である。

基本問題 ·······························解答 p.22

1 時間と水温　水温が **17°C** の水を熱した
ところ，熱し始めてからの時間と水温の関
係は右の表のようになりました。

時間(分)	0	1	2	3	4	5	6
水温(°C)	17	22.5	28.5	34	38.5	45	50

　右の図は，熱し始めてから x 分後の水温を y °C として，x，y
の値の組に対応する点をとったものです。　教 p.92問2

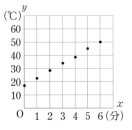

(1)　2点 (0，17)，(6，50) を通る直線をかきなさい。

ここが ポイント
時間と水温の関係は，1次
関数とみることができる。

(2)　(1)の直線の式を求めなさい。

(3)　水温が 100°C になるのは，熱し始めてからおよそ何分後と予想できるでしょうか。小数
　　第1位を四捨五入して，整数で答えなさい。

2 移動した時間と道のり　兄は，家から **3km** 離れた
図書館へ歩いて行きました。弟は，兄が出発してか
ら **30分後**に同じ道を通って図書館へ自転車で向か
いました。右の図は，兄が家を出発してからの時間
を x 分，家からの道のりを y m として，兄と弟が進
んだようすをグラフに表したものです。
　教 p.93問3

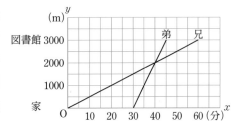

(1)　兄が歩いた速さは，分速何 m ですか。

(2)　弟が図書館に着いたのは，兄が家を出発してから何分後ですか。そのとき，兄は図書館
　　まであと何 m のところにいますか。

(3)　弟が兄に追いついたのは，兄が家を出発してから何分後ですか。

ここが ポイント
グラフでは，2つの直線
の交点が，弟が兄に追い
つくまでの時間と地点を
示している。

(4)　弟は家から何 m 離れた地点で，兄に追いつきましたか。

3
章

確認のワーク　ステージ1　3節　1次関数の活用
1 1次関数の活用(2)

例1 点の移動と面積の変化 —— 教 p.94 → 基本問題 1

右の図のような長方形 ABCD があります。点 P は A を出発して，秒速 1 cm で，長方形の辺上を B，C を通って D まで動きます。点 P が A を出発してから x 秒後の △APD の面積を y cm² とするとき，y を x の式で表しなさい。また，x の変域もいいなさい。

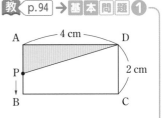

考え方 点 P が，① AB 上，② BC 上，③ CD 上にあるとき，の 3 つの場合に分ける。

解き方 ① $\triangle APD = \frac{1}{2} \times AD \times AP = \frac{1}{2} \times 4 \times x$　　$y = \boxed{①}$

このときの x の変域は，$0 \leqq x \leqq 2$

② $\triangle APD = \frac{1}{2} \times AD \times AB = \frac{1}{2} \times 4 \times 2$　　$y = \boxed{②}$

このときの x の変域は，$2 \leqq x \leqq 6$

③ $\triangle APD = \frac{1}{2} \times AD \times DP = \frac{1}{2} \times 4 \times (2+4+2-x)$

$y = \boxed{③}$　　このときの x の変域は，$6 \leqq x \leqq 8$

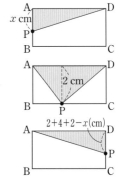

例2 料金の比較 —— 教 p.95 → 基本問題 2

下の表は，A 市と B 市の水道料金を示したものです。

	A 市	B 市
月額基本料金	1000 円	1800 円
1 m³ あたりの 使用料金	8 m³ まで無料 8 m³ 以上は 1 m³ につき 100 円	12 m³ まで無料 12 m³ 以上は 1 m³ につき 50 円

1 か月の使用量が何 m³ を超えると，B 市のほうが A 市よりも水道料金が安くなりますか。

考え方 A 市と B 市での水道料金をグラフで表し，交点の座標を読みとればよい。

解き方 1 か月の使用量を x m³，水道料金を y 円として，A 市と B 市のグラフをかくと，右の図のようになる。

交点の座標より，1 か月の使用量が $\boxed{④}$ m³ のとき，

A 市と B 市での水道料金はどちらも $\boxed{⑤}$ 円となり，$\boxed{④}$ m³ を超えると，B 市のほうが安い。

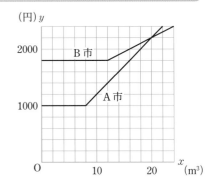

基本問題

解答 p.22

1 **点の移動と面積の変化** 右の図のような長方形 ABCD があります。点 P は A を出発して，秒速 1 cm で，長方形の辺上を B，C を通って D まで動きます。点 P が A を出発してから x 秒後の △APD の面積を y cm² とします。 p.94 問 4〜問 7

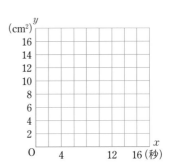

(1) 次のそれぞれの場合について，y を x の式で表しなさい。

① 点 P が辺 AB 上を動くとき （$0 \leqq x \leqq 4$）

② 点 P が辺 BC 上を動くとき （$4 \leqq x \leqq 12$）

③ 点 P が辺 CD 上を動くとき （$12 \leqq x \leqq 16$）

ここがポイント

△APD で，底辺を AD と考えると，
点 P が AB 上にあるとき
　…高さは AP
点 P が BC 上にあるとき
　…高さは 4
点 P が CD 上にあるとき
　…高さは DP
である。

3章

(2) (1)の①，②，③の x と y の関係を表すグラフをかきなさい。

(cm²) y
16
14
12
10
8
6
4
2
O　　4　　　12　16 (秒) x

2 **料金の比較** 下の表は，ある電話会社の携帯電話料金について，2 つの料金プランを示したものです。 p.95〜96

	A プラン	B プラン
基本料金（1 か月）	2500 円	4600 円
1 分あたりの　通話料金	30 分まで無料　30 分以降は 1 分につき 40 円	60 分まで無料　60 分以降は 1 分につき 25 円

基本料金と通話料金の合計を使用料金としたとき，1 か月の通話時間が何分を超えると，B プランのほうが A プランよりも使用料金が安くなりますか。

定着のワーク　ステージ2　2節　1次関数と方程式
　　　　　　　　　　　　3節　1次関数の活用

❶ 次の方程式のグラフをかきなさい。

(1)　$2x-3y=6$　　　　　(2)　$3x+2y-12=0$

(3)　$-5y+15=0$　　　　(4)　$2x+6=0$

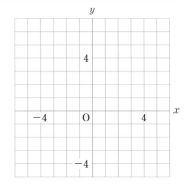

❷ 次の問いに答えなさい。

(1)　2直線 $2x-y=3$，$3x+2y=8$ の交点Pの座標を求めなさい。

(2)　直線 $x+y=3$ と2点 $(-3,\ 0)$，$(0,\ 6)$ を通る直線の交点Pの座標を求めなさい。

(3)　2直線 $2x-y=2$，$ax-y=-3$ がx軸上で交わるとき，a の値を求めなさい。

❸ 右の表は，つるまきばねの下端におもりをつるし，その長さをはかったときの結果です。

おもりの重さ(g)	12	16	20	28	36	40
ばねの長さ(cm)	23	24	25	27	29	30

(1)　おもりの重さを x g，ばねの長さを y cm として，y を x の式で表しなさい。ただし，$12\leqq x\leqq40$ とします。

(2)　このつるまきばねにある品物をつるしたら，ばねの長さが 28.5 cm になりました。この品物の重さを求めなさい。

❹ 兄は9時に家を出て 2400 m 離れた駅まで，途中の公園で20分休憩して行きました。弟は9時30分に家を出て，自転車で兄と同じ道を駅まで行きました。右の図は，9時x分における家からの道のりを y m として，兄と弟の進んだようすをグラフに表したものです。

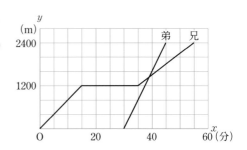

(1)　兄は家から公園まで分速何 m で歩きましたか。

(2)　弟が兄に追いついた時刻を求めなさい。

❶ (1)(2)　$y=ax+b$ の形にするか，直線が通る2点の座標を求める。
❷ (3)　x軸上で交わる → $y=0$ のときのxの値が同じ。
❹ (1)　公園で休憩したのは，グラフがx軸に平行な9時15分から9時35分まで。

❺ 連立方程式 $\begin{cases} 2x-y=1 \\ -6x+3y=6 \end{cases}$ を解きます。

(1) 方程式 $2x-y=1$, $-6x+3y=6$ のグラフをそれぞれ
　　かきなさい。

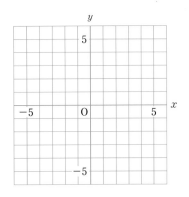

(2) (1)でかいたグラフをもとに，連立方程式の解がない理
　　由を説明しなさい。

3章

入試問題をやってみよう！

① 和夫さんは，本を返却するために，家から 1800 m
離れた図書館へ行きました。和夫さんは，午後 4 時に
家を出発し，毎分 180 m の速さで 5 分間走った後，毎
分 90 m の速さで 10 分間歩いて，図書館に到着しまし
た。その後，本を返却して，しばらくたってから，図

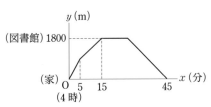

書館を出発し，家へ毎分 100 m の速さで歩いて帰ったところ，午後 4 時 45 分に到着しまし
た。上の図は，午後 4 時 x 分における家からの道のりを y m として，x と y の関係をグラフ
に表したものです。　　　　　　　　　　　　　　　　　　　　　　　　　　　　〔和歌山〕

(1) 和夫さんは，午後 4 時 3 分に郵便局の前を通りました。家から郵便局の前までの道のり
　　を求めなさい。

(2) 和夫さんが図書館へ行く途中で，歩き始めてから図書館に着くまでの x と y の関係を式
　　で表しなさい。ただし，x の変域を求める必要はありません。

❺ (2) 2つのグラフが平行であることに着目する。
① (2) $y=90x+b$ とおき，b を求める。

解答 p.24

 **ステージ3** **1次関数** 40分　/100

1 次の y を x の式で表しなさい。また，y が x の 1 次関数であれば〇，そうでなければ×を
かきなさい。　　　　　　　　　　　　　　　　　　　　　　　　　　　　　　　　2点×6(12点)

(1)　縦の長さ 5 cm，横の長さ x cm の長方形の面積 y cm²

　　　　　　　　　　　　　　　　　　　　　（　　　　　　　　）（　　　　　）

(2)　面積が 18 cm² の三角形の底辺 x cm と高さ y cm

　　　　　　　　　　　　　　　　　　　　　（　　　　　　　　）（　　　　　）

(3)　1 m の重さが 8 g の針金 6 m から，x m を切りとったときの残りの重さ y g

　　　　　　　　　　　　　　　　　　　　　（　　　　　　　　）（　　　　　）

2 1 次関数 $y=4x-5$ について，次の問いに答えなさい。　　　　　　3点×3(9点)

(1)　x の値が -1 から 2 まで増加するときの変化の割合を求めなさい。

　　　　　　　　　　　　　　　　　　　　　　（　　　　　　　　）

(2)　x の増加量が 6 のときの y の増加量を求めなさい。　（　　　　　　　　）

(3)　この関数のグラフを y 軸の正の方向に -2 だけ平行移動させたグラフの式を求めなさい。

　　　　　　　　　　　　　　　　　　　　　　（　　　　　　　　）

3 次の 1 次関数のグラフをかきなさい。　　　3点×3(9点)

(1)　$y=-x-1$　　　　　(2)　$y=\dfrac{2}{3}x-2$

(3)　$y=-\dfrac{3}{5}x+3$

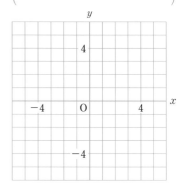

4 次の問いに答えなさい。　　　5点×4(20点)

(1)　右の図の直線の式を求めなさい。

　　　　　　　　　　　　（　　　　　　　　）

(2)　変化の割合が 3 で，$x=-1$ のとき $y=2$ である直線の
　　式を求めなさい。

　　　　　　　　　　　　（　　　　　　　　）

(3)　点 (2，-3) を通り，傾きが -2 の直線の式を求めなさい。

　　　　　　　　　　　　（　　　　　　　　）

(4)　2 点 (-5，-2)，(-1，6) を通る直線の式を求めなさい。

　　　　　　　　　　　　（　　　　　　　　）

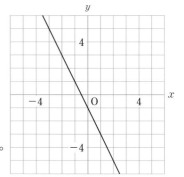

目標

①～⑤は基本。確実に正解しよう。
⑦は，点Pがどの辺上にあるかで x, y の関係が変わることに気づきたい。

自分の得点まで色をぬろう!

😣がんばろう!	🙂もう一歩	😃合格!

0   60   80   100点

5 次の方程式のグラフをかきなさい。　　　3点×4（12点）

(1)　$-2x+y=-5$　　　(2)　$2x+3y-6=0$

(3)　$-3y-9=0$　　　(4)　$-3x-6=0$

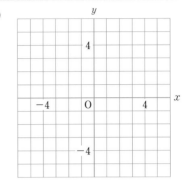

6 右の図のように，2直線 ℓ, m が交点Pで交わっています。

4点×3（12点）

(1)　2直線 ℓ, m の式を $y=ax+b$ の形で表しなさい。

直線 ℓ (　　　　　　　)

直線 m (　　　　　　　)

(2)　2直線 ℓ, m の交点Pの座標を求めなさい。

(　　　　　　　)

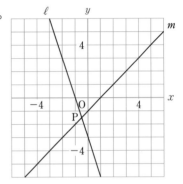

7 右の図のような長方形 ABCD があります。点Pは B を出発して，秒速1cmで，長方形の辺上をC，D を通ってAまで動きます。点PがBを出発してから x 秒後の △ABP の面積を y cm^2 とします。

(1), (2) 5点×4　(3) 6点（26点）

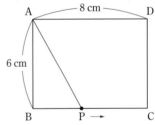

(1)　点Pが辺 BC 上を動くとき，CD 上を動くとき，DA 上を動くときのそれぞれの場合について，y を x の式で表しなさい。

BC 上 (　　　　　　　)

CD 上 (　　　　　　　)

DA 上 (　　　　　　　)

(2)　点PがBを出発してからAまで動くまでの x と y の関係を表すグラフを右の図にかきなさい。

(3)　△ABP の面積が 15 cm^2 になるのは，点PがB を出発して何秒後ですか。すべて求めなさい。

(　　　　　　　)

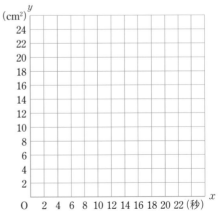

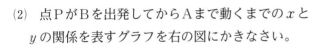
アプリ【どこでもワーク計算編・図形編】をやって，さらに力をつけよう!

確認のワーク　ステージ**1**　**1節　平行線と角**
1 直線と角

例**1** **対頂角，同位角，錯角**　　　　　　　　　　教 p.105 → 基本問題 ❶❷❸

右の図で，次の角をいいなさい。

(1) ∠f の対頂角

(2) ∠c の同位角

(3) ∠e の錯角

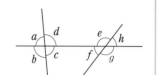

考え方 (1) 2直線が交わってできる4つの角のうち，∠a と ∠c，∠b と ∠d のように，向かい合っている2つの角を対頂角という。

(2), (3) 2直線に1つの直線が交わってできる角のうち，∠d と ∠h のような位置にある2つの角を同位角という。また，∠d と ∠f のような位置にある2つの角を錯角という。

解き方 (1) ∠f の対頂角は，∠ $\boxed{①}$

(2) ∠c の同位角は，∠ $\boxed{②}$

(3) ∠e の錯角は，∠ $\boxed{③}$

たいせつ

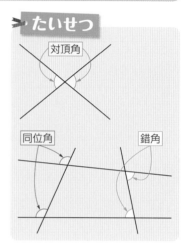

対頂角

同位角　　　　　　　錯角

例**2** **平行線と同位角，錯角**　　　　　　　　教 p.106～109 → 基本問題 ❹

右の図について，次の問いに答えなさい。

(1) 平行な2直線を見つけて，記号 ∥ を使って表しなさい。

(2) ∠x，∠y，∠z のうち，等しい角をいいなさい。

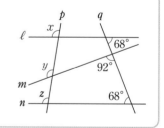

考え方 同位角や錯角が等しければ2直線は平行で，2直線が平行ならば同位角や錯角は等しい。

解き方 (1) 錯角が 68° で等しいので，平行線になるための条件より，

ℓ ∥ $\boxed{④}$

(2) ℓ ∥ $\boxed{④}$ なので，同位角の ∠x と

∠ $\boxed{⑤}$ が等しい。

たいせつ

平行線の性質
　2直線が平行ならば，同位角は等しい。
　2直線が平行ならば，錯角は等しい。

平行線になるための条件
　同位角が等しければ，2直線は平行である。
　錯角が等しければ，2直線は平行である。

基本問題 解答 p.25

1 対頂角 右の図について，次の問いに答えなさい。 教 p.105 たしかめ 1

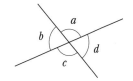

(1) ∠a の対頂角をいいなさい。

(2) ∠a の大きさを，∠b を使って表しなさい。

(3) ∠a＝105° のとき，∠b，∠c，∠d の大きさを求めなさい。

> **覚えておこう**
> 対頂角は等しい。

2 同位角，錯角 右の図で，次の角をいいなさい。

教 p.105 たしかめ 2

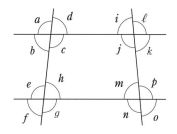

(1) ∠c の同位角

(2) ∠m の錯角

3 対頂角，同位角，錯角 右の図で，∠b＝110°，∠g＝95° のとき，次の角の大きさを求めなさい。 教 p.105 たしかめ 1, 2

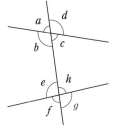

(1) ∠e の対頂角

(2) ∠c の錯角

> **ここが ポイント**
> 対頂角が等しいことから考える。

(3) ∠h の同位角

4 平行線と同位角，錯角 右の図で，ℓ∥m のとき，次の問いに答えなさい。 教 p.109 問 3

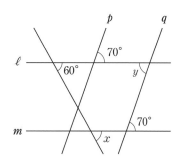

(1) ∠x，∠y の大きさを求めなさい。

(2) p と q の位置関係をいいなさい。

> **たいせつ**
> 2直線が平行。⟷ 同位角，錯角が等しい。

確認のワーク **ステージ 1** **1節 平行線と角**
❷ 多角形の内角と外角

例 1 三角形の内角と外角 ─── 教 p.111〜112 → 基本 問題 ❶

次の図で，∠x の大きさを求めなさい。

(1)

(2)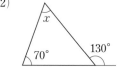

考え方 三角形の内角の和は 180° である。また，三角形の外角は，それと隣り合わない 2 つの内角の和に等しい。

解き方 (1) 三角形の内角の和は 180° であるから，

$$\angle x + 53° + 57° = 180°$$

したがって，∠x = $\boxed{①\qquad}$°。

覚えておこう

外角
内角
内角 内角 外角
外角

(2) 三角形の外角は，それと隣り合わない 2 つの内角の和に等しいから，

$$130° = \angle x + 70°$$

したがって，∠x = $\boxed{②\qquad}$°。

> 三角形の角の性質を覚えよう。

たいせつ

三角形の内角と外角
① 三角形の内角の和は 180° である。
② 三角形の外角は，それと隣り合わない 2 つの内角の和に等しい。

例 2 多角形の内角と外角 ─── 教 p.113〜117 → 基本 問題 ❷❸❹

次の問いに答えなさい。

(1) 五角形の内角の和を求めなさい。

(2) 正八角形の 1 つの外角の大きさを求めなさい。

考え方 (1) 多角形の内角の和は，何角形であるかで決まる。

(2) 多角形の外角の和は，それが何角形であっても，いつも 360° である。

解き方 (1) （n 角形の内角の和）= 180° × ($n - 2$)
　　　　　　　　　　　　　　　↖ 対角線によって分けられる三角形の数

ここで，$n = 5$ より，

$$180° × (5 - 2) = 180° × 3 = \boxed{③\qquad}°。$$

たいせつ

n 角形の内角の和は
180° × ($n - 2$) である。
多角形の外角の和は
360° である。

(2) 多角形の外角の和は 360°。正八角形には 8 つの外角があり，その大きさはすべて等しいので，

$$360° ÷ 8 = \boxed{④\qquad}°。$$

基本問題  .... 解答 p.25

1 三角形の内角と外角　次の図で，∠x の大きさを求めなさい。　教 p.112たしかめ1

(1)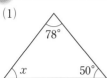

(2)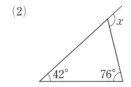

(3)

2 多角形の角　次の図を利用して，下の表の空らんをうめなさい。　教 p.113

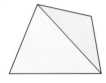  

	四角形	五角形	六角形	七角形	八角形	n 角形
頂点の数	4					
三角形の数	2					
内角の和	360°					

覚えておこう

三角形の内角の和が 180° であることを利用すれば，多角形の内角の和を知ることができる。

4 章

3 多角形の内角の和　次の問いに答えなさい。　教 p.114たしかめ2, 問6

(1) 十三角形の内角の和を求めなさい。

(2) 正十八角形の内角の和を求めなさい。また，その1つの内角の大きさを求めなさい。

4 多角形の外角の和　下の図で，∠x の大きさを求めなさい。　教 p.117たしかめ4

(1)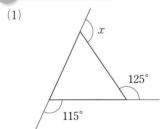

(2)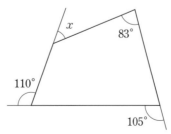

ここがポイント

(1) 三角形も，ほかの多角形と同じように，外角の和は 360° である。

解答 ▶ p.25

1 右の図で，直線 ℓ, m, n が平行のとき，次の問いに答えなさい。

(1) ∠a の大きさを ∠c を使って表しなさい。

(2) ∠$a=124°$ のとき，∠b，∠c の大きさをそれぞれ求めなさい。

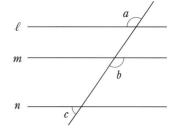

2 次の図で，$\ell /\!/ m$ のとき，∠x の大きさを求めなさい。

(1)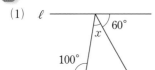

(2)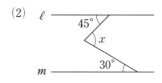

(3)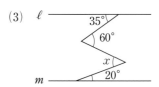

(4)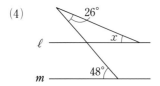

(5)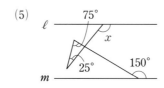

(6)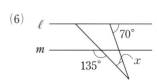

3 次の図で，∠x の大きさを求めなさい。

(1)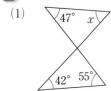

(2)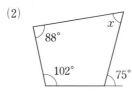

(3)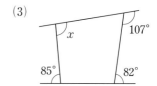

(4)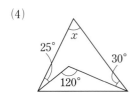

(5)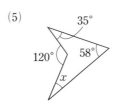

(6)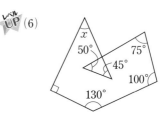

1 対頂角や，平行線の同位角，錯角がそれぞれ等しいことを利用する。

2 (3) ℓ, m に平行で，$60°$ の角の頂点を通る直線と，∠x の頂点を通る直線をひいて考える。

3 (6) 直線を新たにひいて，三角形や四角形をつくり，その内角や外角の関係を使う。

4 次の問いに答えなさい。

(1) 1つの内角が135°の正多角形で，1つの頂点から出る対角線は何本ありますか。

(2) 1つの内角の大きさが，1つの外角の大きさの3倍である正多角形は，正何角形ですか。

(3) 右の図で，印をつけた角の大きさの和を求めなさい。

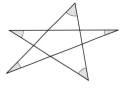

(4) 右の図で，四角形 ABCD は長方形，E，F はそれぞれ辺 AD，DC 上の点で，△EFB は ∠FEB＝90° の直角三角形です。
∠AEB＝41°，∠EBF＝27° のとき，∠BFC の大きさを求めなさい。

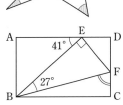

5 右の図で，直線 DE は点Aを通り，辺 BC に平行な直線です。右の図を利用して，∠a＋∠b＋∠c＝180° になることを説明しなさい。

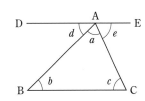

4 章

入試問題を やってみよう！ ＝＝＝＝＝＝＝＝＝＝＝＝＝＝＝＝

1 次の図で，∠x の大きさを求めなさい。

(1) ℓ // m 〔兵庫〕

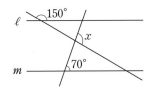

(2) ℓ // m 〔富山〕

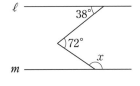

(3) ℓ // m 〔山口〕

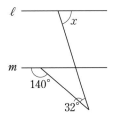

2 次の図で，ℓ // m であり，点Dは ∠BAC の二等分線と直線 m との交点です。このとき，∠x の大きさを求めなさい。 〔京都〕

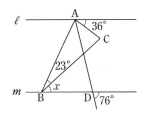

---

4 (3) 三角形の内角と外角の関係を使って考える。
5 ∠a＋∠d＋∠e＝180° であることから考える。
2 ∠BAD の大きさを求める。

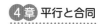

確認のワーク ステージ **1** 2節 合同と証明
1 合同な図形 　**2** 三角形の合同条件

例 **1** 合同な図形の性質

教 p.121 → 基本問題 **1**

右の図で，2つの四角形は合同です。

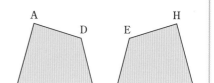

(1) 2つの四角形が合同であることを，記号 ≡ を使って表しなさい。

(2) 辺 AD に対応する辺はどれですか。

(3) ∠A に対応する角はどれですか。

考え方 (1) △ABC と △DEF が合同であることを，記号 ≡ を使って，△ABC≡△DEF と表す。

対応する頂点の順に書く

解き方 (1) 頂点 A，B，C，D に対応する頂点はそれぞれ H，G，

F，E であるから，四角形 ABCD≡四角形 ①[　　　]

(2) (1)より，辺 AD に対応する辺は，辺 ②[　　　]

(3) (1)より，∠A に対応する角は，∠ ③[　　　] ← ∠BAD を，頂点を表す文字 A だけを使って，∠A と表すことがある

例 **2** 三角形の合同条件

教 p.125 → 基本問題 **2 3**

下の図で，合同な三角形の組を見つけ，記号 ≡ を使って表しなさい。

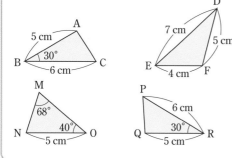

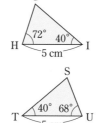

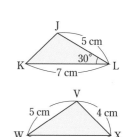

考え方 三角形の合同条件から考える。

解き方 2 組の辺とその間の角がそれぞれ

等しいから，△ABC≡△ ④[　　　]

3 組の辺がそれぞれ等しいから，

△DEF≡△ ⑤[　　　]

∠N＝72° より，1 組の辺とその両端の

角がそれぞれ等しいから，

△GHI＝△ ⑥[　　　]

たいせつ

三角形の合同条件

① 3組の辺がそれぞれ等しい。

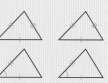

② 2組の辺とその間の角がそれぞれ等しい。

③ 1組の辺とその両端の角がそれぞれ等しい。

基本問題 ·· 解答 p.26

1 合同な図形の性質 右の図で、

四角形 ABCD≡四角形 EFGH です。 教 p.122問2

(1) 頂点 B, 辺 CD, ∠DAB に対応する頂点,

辺, 角をいいなさい。

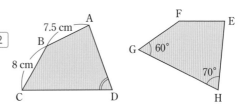

(2) 辺 EF の長さを求めなさい。

> たいせつ
>
> 合同な図形の性質
> ① 対応する線分の長さは
>   それぞれ等しい。
> ② 対応する角の大きさは
>   それぞれ等しい。

(3) ∠CDA の大きさを求めなさい。

4章

2 三角形の合同条件 下の図で、合同な三角形の組を見つけ、記号 ≡ を使って表しなさい。ま

た、その根拠となる三角形の合同条件をいいなさい。 教 p.125 たしかめ1

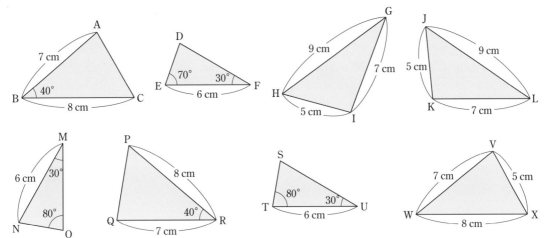

3 三角形の合同条件 下の(1)と(2)の図で、それぞれ合同な三角形を見つけ、記号 ≡ を使って表

しなさい。また、その根拠となる三角形の合同条件をいいなさい。 教 p.125問3

確認のワーク ステージ1

2節 合同と証明
3 証明とそのしくみ **4 作図と証明**

例1 証明の手順

教 p.126 → 基本問題1

右の図で，∠ABC＝∠DCB，AB＝DC ならば，
AC＝DB となります。

(1) 仮定と結論をいいなさい。

(2) このことを証明するには，どの三角形とどの三角形が
合同であることを示すとよいですか。

(3) (2)を示すときに根拠にする三角形の合同条件をいいなさい。

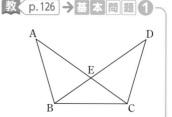

考え方 (1) あることがらを，「▢ならば◯」という形で書いたとき，▢の部分を
仮定，◯の部分を結論という。

解き方 (1) 仮定は「∠ABC＝∠DCB，AB＝DC」，結論は
「AC＝DB」

(2) △ABC と △[①▢] に注目すると，BC が共通（長さ
が等しい）であることと仮定から，2 つの三角形が合同で
あることがわかる。これを示せば，合同な 2 つの三角形の
対応する辺である AC＝DB（結論）がいえる。

(3) BC が共通で，仮定から ∠ABC＝∠DCB，AB＝DC
したがって，[②▢]がそれぞれ等しい。

> **たいせつ**
> あることがらが正しいこと
> を，すでに正しいと認めら
> れたことがらを根拠として，
> 筋道を立てて説明すること
> を**証明**という。

例2 作図と証明

教 p.131〜132 → 基本問題2

右の図は，∠XOY の二等分線 OP の作図のしかたを示した
ものです。この方法が正しいことを証明しなさい。

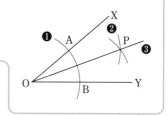

考え方 △AOP と △BOP が合同であることを示し，合同な
三角形の対応する角が等しいことを導く。

証明 点Aと点P，点Bと点Pをそれぞれ結ぶ。

△AOP と △BOP で，

仮定から，　　　OA＝OB　　　……①

　　　　　　　AP＝[③▢]　　　……②

共通な辺だから，OP＝OP　　　……③

①，②，③より，3 組の辺がそれぞれ等しいから，

　　　　　△AOP≡△BOP

合同な三角形の対応する角は等しいから，

　　　　　∠AOP＝∠[④▢]

> **思い出そう**
> **三角形の合同条件**
> 1 3組の辺がそれぞれ等
> しい。
> 2 2組の辺とその間の角
> がそれぞれ等しい。
> 3 1組の辺とその両端の
> 角がそれぞれ等しい。

基本問題

解答 p.27

1 証明の手順 右の図で，∠ABC＝∠DCB，∠ACB＝∠DBC ならば，△ABC≡△DCB であることを証明しました。次の□をうめなさい。

教 p.130たしかめ2

証明 △ABC と △DCB で，

仮定から， ^⑦［　　　　　　　　］ ……①

^⑦［　　　　　　　　］ ……②

^⑦［　　　　　　　　］ だから，

$$BC=CB \qquad ……③$$

①，②，③より， ^⑨［　　　　　　　　］ が

それぞれ等しいから，

$$△ABC≡△DCB$$

ここがポイント

まず，仮定と結論をはっきり区別する。ここでは，仮定として，2つの条件が示されている。また，結論は三角形の合同である。3つある三角形の合同条件の，どれが使えるかを考えよう。

4章

2 作図と証明 右の図は，直線 ℓ 上に点Pがあるとき，点Pを通る直線 ℓ の垂線を作図する手順を示しています。この作図の方法が正しいことを証明します。

教 p.132問1

(1) 仮定と結論をいいなさい。

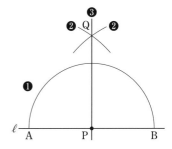

(2) 結論を導くには，どの三角形とどの三角形が合同であることを示せばよいですか。

(3) (2)の2つの三角形が合同であることを示すには，三角形の合同条件のどれを使えばよいですか。

ここがポイント

作図の証明では，三角形の合同条件を根拠にすることが多い。次の2つが重要である。
・かくれた三角形を見つけ出すこと
・3つの合同条件のうち，どれが使えるか考えること

(4) この作図の方法が正しいことを証明しなさい。

左ページの例の答え ①DCB ②2組の辺とその間の角 ③BP ④BOP

解答▶p.27

2節　合同と証明

1 △ABC，△DEF において，次の2つのほかにどんなことを仮定に加えれば，△ABC≡△DEF であることがいえますか。それぞれ2通り答えなさい。

(1)　BC＝EF，∠B＝∠E　　　　　　(2)　AB＝DE，AC＝DF

2 次の図の中から合同な2つの三角形を見つけて，記号 ≡ を使って表しなさい。また，その根拠となる三角形の合同条件をいいなさい。

(1)　AD∥BC，AD＝EC　　　　　　(2)　AD∥BF，CE＝DE

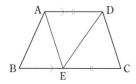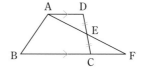

3 次のことがらの仮定と結論をいいなさい。

(1)　x が9の倍数ならば，x は3の倍数である。

(2)　2直線が平行ならば，錯角は等しい。

4 右の図で，BC＝DA，∠ACB＝∠CAD ならば，AB∥CD となります。

(1)　仮定と結論をいいなさい。

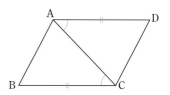

(2)　上のことの証明を，右の順序で考えました。①〜③の根拠となっていることがらをいいなさい。

> △ABC と △CDA で，
> 　　BC＝DA　　……仮定
> 　　∠ACB＝∠CAD　……仮定
> 　　AC＝CA　　……共通
> よって，　△ABC≡△CDA　……①
> これより，∠BAC＝∠DCA　……②
> したがって，　AB∥CD　　……③

1 三角形の合同条件になるように，仮定を加える。

2 記号を使って合同を表すときは，対応する頂点が同じ順に並ぶように書く。

4 (2)　①は三角形の合同条件，②は合同な図形の性質，③は平行となるための条件。

5 右の図で，半直線 OP は ∠XOY の二等分線で，OA＝OC です。

(1) △AOQ と合同な三角形を記号 ≡ を使って表し，その根拠となる三角形の合同条件をいいなさい。

(2) (1)を利用して，△AQD≡△CQB となることを証明しなさい。

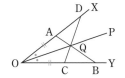

6 右の図のように，△ABC の辺 AB，BC，CA 上にそれぞれ点 D，E，F があります。BE＝EC，BD＝EF，BA∥EF とするとき，DE∥AC であることを証明しなさい。

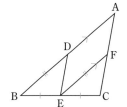

 入試問題を やってみよう！ ⋯⋯⋯⋯⋯⋯⋯⋯⋯⋯

4章

1 図で，四角形 ABCD は正方形であり，E は対角線 AC 上の点で，AE＞EC です。また，F，G は四角形 DEFG が正方形となる点です。ただし，辺 EF と DC は交わるものとします。このとき，∠DCG の大きさを次のように求めました。 Ⅰ ， Ⅱ にあてはまる数を書きなさい。また，(a)にあてはまることばを書きなさい。なお，2 か所の Ⅰ には，同じ数があてはまります。

〔愛知〕

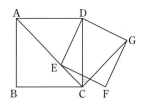

△AED と △CGD で，

四角形 ABCD は正方形だから， AD＝CD ……①

四角形 DEFG は正方形だから， ED＝GD ……②

また，

∠ADE＝ Ⅰ °－∠EDC， ∠CDG＝ Ⅰ °－∠EDC

より，

∠ADE＝∠CDG ……③

①，②，③から，(a)がそれぞれ等しいので，

△AED≡△CGD

合同な図形では，対応する角は，それぞれ等しいので，

∠DAE＝∠DCG

したがって， ∠DCG＝ Ⅱ °

---

5 (2) (1)を利用して，∠DAQ＝∠BCQ を示す。

6 DE∥AC を証明するには，同位角が等しいことをいえばよい。

1 正方形の全ての辺と全ての角は等しい。

実力判定テスト　ステージ3　平行と合同

40分　　/100

1 右の図で，平行な2直線を見つけて，記号 // を使って表しなさい。　　　　（5点）

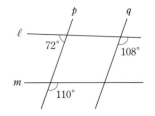

(　　　　　　　　　　　)

2 下の図で，ℓ // m のとき，∠x の大きさを求めなさい。　　　　4点×3（12点）

(1)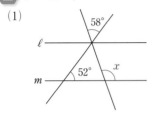

(2)

(3)

(　　　　)　　　　(　　　　)　　　　(　　　　)

3 下の図で，∠x の大きさを求めなさい。　　　　4点×5（20点）

(1)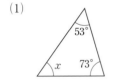

(2)

(3)

(　　　　)　　　　(　　　　)　　　　(　　　　)

(4)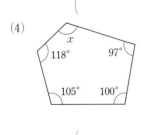

(5)

(　　　　)　　　　(　　　　)

4 次の問いに答えなさい。　　　　5点×3（15点）

(1)　十四角形の内角の和は何度ですか。　　　　　　　　　　　（　　　　　　）

(2)　正九角形の1つの外角は何度ですか。　　　　　　　　　　（　　　　　　）

(3)　1つの外角が 24° である正多角形の頂点の数を求めなさい。

（　　　　　　）

5 下の図で，合同な三角形を見つけ，記号 ≡ を使って表しなさい。また，その根拠となる三角形の合同条件をいいなさい。　　　　　5点×3(15点)

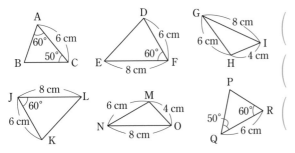

(　　　　　　　　　)

(　　　　　　　　　)

(　　　　　　　　　)

6 右の図で，AC＝DB，∠ACB＝∠DBC ならば，AB＝DC となります。　　　　4点×5(20点)

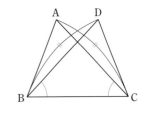

(1) 仮定と結論をいいなさい。

仮定(　　　　　　　　　)

結論(　　　　　　　　　)

(2) 結論を導くには，どの三角形とどの三角形が合同であることを示すとよいですか。

(　　　　　　　　　)

(3) (2)の2つの三角形が合同であることを示すには，三角形の合同条件のどれを使えばよいですか。

(　　　　　　　　　)

(4) 2つの三角形が合同であることから結論を導くとき，根拠となることがらは何ですか。

(　　　　　　　　　)

7 右の図で，AB＝CD，AB∥CD ならば，AE＝DE となることを証明しなさい。　　　　(13点)

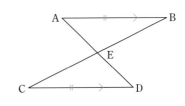

確認のワーク　ステージ1　1節　三角形
❶ 二等辺三角形とその性質

例1　二等辺三角形の底角

教 p.146 →基本問題 ❶

右の図で，CA＝CB のとき，∠x の大きさを求めなさい。

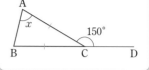

考え方　∠ACD は △ABC の外角であることから考える。

解き方　△ABC は CA，CB を等しい辺とする二等辺三角形で，

二等辺三角形の 2 つの底角は等しいから，

$$∠B＝∠A＝∠x$$

∠ACD は △ABC の外角だから，

$$∠A＋∠B＝∠ACD$$

したがって，2∠x＝150° だから，

$$∠x＝\boxed{①}\,°$$

たいせつ

定義　2 つの辺が等しい三角形を
　　　二等辺三角形という。

定理　二等辺三角形の底角は等しい。

用語の意味をはっきり
と述べたものを**定義**，
証明されたことがらの
うち，よく使われるも
のを**定理**というよ。

覚えておこう

二等辺三角形

頂角…等しい 2 辺の間の角
底辺…頂角に対する辺
底角…底辺の両端の角

例2　二等辺三角形の頂角の二等分線

教 p.147 →基本問題 ❷ ❸

AB＝AC である二等辺三角形 ABC で，頂角 ∠A と底辺 BC の中点を結ぶ線分は ∠A
を 2 等分することを証明しなさい。

考え方　辺 BC の中点を D として，△ABD と

△ACD の 2 つの三角形に注目する。

仮定　AB＝AC，BD＝CD

結論　∠BAD＝∠CAD

証明　辺 BC の中点を D とする。

△ABD と △ACD で，

仮定から，　　　AB＝AC　……①

　　　　　　　　BD＝CD　……②

共通な辺だから，AD＝AD　……③

①，②，③より，\boxed{②}　がそれぞれ等しいから，

　　　　△ABD≡△ACD

したがって，∠BAD＝∠\boxed{③}

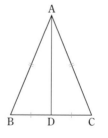

覚えておこう

定理　二等辺三角形の
　　　頂角の二等分線
　　　は，底辺を垂直
　　　に 2 等辺する。

基本問題 ···· 解答 p.30

1 二等辺三角形の底角　下の図で，∠x の大きさを求めなさい。 教 p.146たしかめ1,問1

(1)
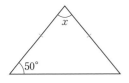

(2)
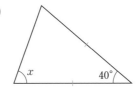

> **ここがポイント**
> 二等辺三角形の底角が等しいこと，三角形の内角の和が180°であること，三角形の外角が，それと隣り合わない2つの内角の和に等しいこと，以上の3つの定理を使う。

(3)
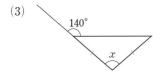

(4)
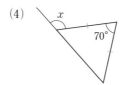

2 二等辺三角形の頂角の二等分線　右の図で，BD が ∠ABC の二等分線であるとき，AD の長さと ∠ADB の大きさを求めなさい。 教 p.147

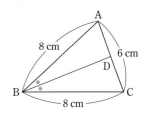

3 二等辺三角形の頂角の二等分線　右の図の二等辺三角形 ABC で，頂点A から底辺へひいた垂線は，頂角 ∠A を2等分します。このことがらについて，次の問いに答えなさい。 教 p.147問3

(1) 仮定と結論をいいなさい。

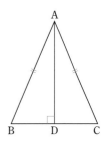

(2) 上のことがらを証明しなさい。

> **思い出そう**
> ☐ ならば ◯
> 仮定　　　結論

確認のワーク　ステージ 1

1節　三角形
❷ 二等辺三角形になるための条件　❸ 正三角形

例 1 二等辺三角形になるための条件

教 p.149 → 基本問題 1

AB＝AC である二等辺三角形 ABC と点Pがあり，∠PBA＝∠PCA が成り立つとき，△PBC は PB，PC を等しい辺とする二等辺三角形であることを証明しなさい。

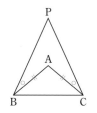

考え方 △PBC が二等辺三角形であることを証明するには，∠PBC＝∠PCB を示す。

仮定　AB＝AC，∠PBA＝∠PCA

結論　PB＝PC

証明　△PBC で，

$$∠PBC＝∠PBA＋∠ABC ……①$$
$$∠PCB＝∠PCA＋∠ACB ……②$$

仮定から，　∠PBA＝∠PCA ……③

二等辺三角形の底角は等しいから，

$$∠ABC＝∠ACB ……④$$

①，②，③，④から，

$$∠PBC＝∠PCB$$

2つの角が等しいから，二等辺三角形になるための条件より，

△PBC は二等辺三角形である。

したがって，PB＝[①　　　]

> **覚えておこう**
> 二等辺三角形になるための条件
> 定理　2つの角が等しい三角形
> 　　　は，それらの角を底角と
> 　　　する二等辺三角形である。

例 2 正三角形

教 p.153 → 基本問題 3

右の図の △ABC において，∠A＝∠B＝∠C ならば，AB＝BC＝CA であることを証明しなさい。

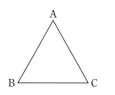

考え方　仮定　∠A＝∠B＝∠C　←　証明のしかたに慣れてきたら，仮定と結論を初めに書かなくてもよい

　　　　結論　AB＝BC＝CA

証明　∠A＝∠C から，

　AB＝BC ……①

∠A＝∠B から，

　BC＝CA ……②

①，②より，AB＝[②　　]＝[③　　　]

> **覚えておこう**
> 正三角形
> 定義　3つの辺が等しい三角形
> 　　　を正三角形という。

解答 p.30

基本問題

1 **二等辺三角形になるための条件** △ABC の辺 AB, AC 上に, それぞれ 点 D, E を BD＝CE となるようにとります。このとき, DC＝EB ならば, △ABC は二等辺三角形になることを証明しなさい。

教 p.151問2

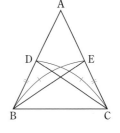

ここが ポイント

ある三角形が二等辺三角形であることを証明するには, 次のどちらかをいえばよい。
① 2つの辺が等しい。
② 2つの角が等しい。

2 **逆** 次のことがらの逆をいいなさい。また, それは正しいですか。正しくないときは, 反例をあげなさい。

教 p.152たしかめ1, 2

(1) x が 8 の倍数ならば, x は偶数である。

(2) △ABC≡△DEF ならば, ∠B＝∠E である。

(3) 2直線が平行ならば, 錯角は等しい。

(4) $x＝2$, $y＝1$ ならば, $xy＝2$ である。

たいせつ

「□ ならば ◯」に対して, 「◯ ならば □」のように, 仮定と結論が入れかわっている2つのことがらがあるとき, 一方を他方の逆という。
あることがらが成り立たないことを示す例を反例という。

正しいことがらの逆がいつでも正しいとは限らないよ。

3 **正三角形の性質** 正三角形 ABC で, ∠B, ∠C のそれぞれの二等分線の交点をPとします。このとき, △PBA, △PBC, △PAC はすべて合同であることを証明しなさい。

教 p.153問1

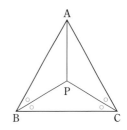

5章

確認のワーク　ステージ**1**　1節　三角形
❹ 直角三角形の合同条件

例1 直角三角形の合同条件
教 p.155 →基本問題❶

右の図で，合同な直角三角形を見つけなさい。また，その根拠となる合同条件をいいなさい。

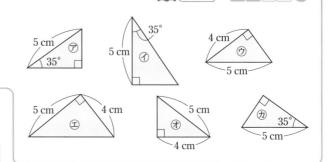

考え方 等しい辺や角はどれか，また斜辺はどれか考える。

解き方 ⑦と㋕…斜辺と [①　　　] がそれぞれ等しい。

㋒と [②　　　] …斜辺と [③　　　] がそれぞれ等しい。

> **たいせつ**
>
> **直角三角形の合同条件**
> **定理** 2つの直角三角形は，次のどちらかが成り立つとき合同である。
> ① 斜辺と1つの鋭角がそれぞれ等しい。
> ② 斜辺と他の1辺がそれぞれ等しい。

> **たいせつ**
>
> 斜辺…直角三角形で，直角に対する辺。
> 鋭角…0°より大きく90°より小さい角。
> 鈍角…90°より大きく180°より小さい角。
>
> 斜辺　　鋭角　　鈍角

例2 直角三角形の合同条件の活用
教 p.156 →基本問題❷❸

△ABC の辺 BC の中点Mから2辺 AB，AC に垂線をひき，AB，AC との交点をそれぞれ D，E とします。このとき，DM＝EM ならば，△ABC は二等辺三角形になることを証明しなさい。

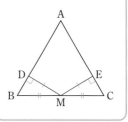

考え方 △ABC が二等辺三角形であることを証明するには，2つの角が等しいことを示せばよい。

解き方 △BMD と △CME で，

仮定より，∠MDB＝∠MEC＝**90°** ……①　← 90°を必ず示す

BM＝CM　　　　　……②

DM＝EM　　　　　……③

①，②，③より，直角三角形の斜辺と [④　　　　　] がそれぞれ等しいから，

△BMD≡△CME

したがって，∠B＝∠[⑤　　　]

2つの角が等しいから，△ABC は二等辺三角形である。

解答 p.31

1 **直角三角形の合同条件** 下の図で，合同な三角形を見つけなさい。また，その根拠となる合同条件をいいなさい。

教 p.155たしかめ1

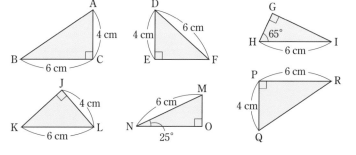

ミス注意

直角三角形であっても，一般の三角形の合同条件が成り立てば，もちろん2つの三角形は合同である。

2 **直角三角形の合同条件の活用** 右の図で，△ABC は，AB＝AC の二等辺三角形です。頂点 B，C から辺 AC，AB にそれぞれ垂線 BD，CE をひきます。このとき，AD＝AE となることを証明しなさい。

教 p.156問2

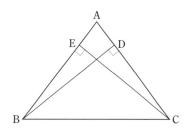

AD＝AE をいうためには，△ABD≡△ACE を証明すればいいんだね。

3 **直角三角形の合同条件の活用** ∠C＝90° の直角三角形 ABC の斜辺 AB 上に，AC＝AD となるような点 D をとります。D を通る辺 AB の垂線と辺 BC との交点を E とすると，AE は ∠BAC を2等分することを証明しなさい。

教 p.156問2

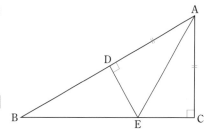

解答 p.31

 **ステージ 2** **1節　三角形**

❶ 下の図で，∠x の大きさを求めなさい。

(1)　AB＝AC，∠ABD＝∠DBC

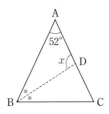

(2)　AB＝BC，AD＝DB

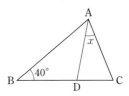

❷ AB＝AC の二等辺三角形 ABC の辺 AB，AC 上に，それぞれ点 D，E を BD＝CE となるようにとり，CD と BE の交点をFとします。このとき，△FBC は二等辺三角形になることを証明しなさい。

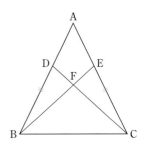

❸ 正三角形 ABC の辺 BC，CA 上に，それぞれ点 D，E を BD＝CE となるようにとります。このとき，∠BAD＝∠CBE となることを証明しなさい。

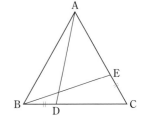

❹ 右の図のように，正三角形 ABC の辺 BC 上に点Dをとり，線分 AD を1辺とする正三角形 ADE をつくります。

(1)　∠BAD と等しい角をいいなさい。

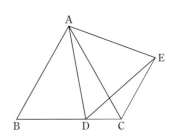

(2)　∠ACE の大きさを求めなさい。

❷ 二等辺三角形の性質を使って，△DBC≡△ECB を証明すればよい。
❸ 正三角形の性質を使って，まず △ABD≡△BCE を証明する。
❹ 2つの三角形 △ABD と △ACE に注目して考える。

5 右の図で，△ABC と△DCE が正三角形のとき，∠CAE＝∠CBD となることを，△ACE と△BCD の合同を示すことによって証明しなさい。

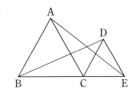

6 右の図のように，△ABC の辺 BC の中点をMとし，頂点 B，C から直線 AM にそれぞれ垂線 BD，CE をひきます。このとき，BD＝CE であることを証明しなさい。

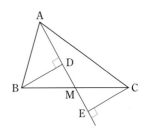

7 右の図のように，A＝90°，AB＝AC＝10 cm の直角二等辺三角形 ABC の ∠B の二等分線と辺 AC との交点をDとし，D から辺 BC に垂線 DE をひきます。

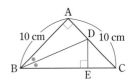

(1) ∠EDC の大きさを求めなさい。

(2) AD＝x cm とするとき，辺 BC の長さをxを使った式で表しなさい。

1 右の図のように，AB＝AD，AD∥BC，∠ABC が鋭角である台形 ABCD があります。対角線 BD 上に点Eを ∠BAE＝90° となるようにとります。　〔北海道〕

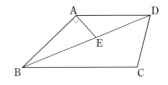

(1) ∠ADB＝20°，∠BCD＝100° のとき，∠BDC の大きさを求めなさい。

(2) 頂点Aから辺 BC に垂線をひき，対角線 BD，辺 BC との交点をそれぞれ F，G とします。このとき，△ABF≡△ADE を証明しなさい。

5 ∠ACE と ∠BCD は，どちらも ∠ACD＋60° となっている。
6 2つの直角三角形の合同を示せばよい。
7 (2) △CDE に注目し，どんな三角形になっているか考える。

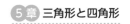

確認のワーク ステージ **1** 2節　四角形
1 平行四辺形とその性質

例1 平行四辺形の性質

教 p.159 → 基本問題 ❶❷

▱ABCD において，∠A＝∠C となることを証明しなさい。

考え方 四角形の向かい合う辺を対辺，向かい合う角を対角という。

2組の対辺がそれぞれ平行な四角形を平行四辺形という。←定義
└平行四辺形 ABCD を▱ABCD と表す

対角線をひいて2つの三角形をつくり，この2つの三角形の合同を証明することにより，
∠A＝∠C を示す。

証明 対角線 BD をひく。

△ABD と △CDB で，

平行線の錯角は等しいので，

$$\angle ABD = \angle CDB \quad \cdots\cdots ①$$

$$\angle ADB = \angle CBD \quad \cdots\cdots ②$$

共通な辺だから，　BD＝DB　……③

①，②，③より，1組の辺とその両端の角がそれぞれ等しいから，

$$\triangle ABD \equiv \triangle CDB$$

したがって，　∠A＝∠[①◻]

> **たいせつ**
>
> **定理** 平行四辺形では，
> ① 2組の対辺はそれ
> ぞれ等しい。
> ② 2組の対角はそれ
> ぞれ等しい。
> ③ 対角線はそれぞれ
> の中点で交わる。

例2 平行四辺形の性質を使った証明

教 p.161 → 基本問題 ❸

▱ABCD の対角線の交点Oを通る直線と辺 AD，BC との交点をそれぞれ P，Q とします。このとき，AP＝CQ となることを証明しなさい。

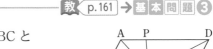

考え方 △AOP と △COQ の合同を示すことにより，AP＝CQ を示す。

証明 △AOP と △COQ で，

平行四辺形の対角線はそれぞれの中点で交わるから，
└定理③

$$AO = CO \quad \cdots\cdots ①$$

対頂角は等しいから，　∠AOP＝∠COQ　……②

平行線の錯角は等しいので，AD∥BC から，

$$\angle OAP = \angle OCQ \quad \cdots\cdots ③$$

①，②，③より，1組の辺とその両端の角がそれぞれ等しいから，

$$\triangle AOP \equiv \triangle COQ$$

したがって，　AP＝[②◻]

> **思い出そう**
>
> 2直線が平行ならば，錯角は等しい。
>
>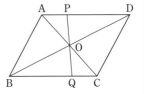

基本問題

解答 p.33

1 平行四辺形の性質 「平行四辺形では，対角線はそれぞれの中点で交わる。」このことを，右の図の △AOD と △COB に着目し，平行四辺形の性質 AD＝CB を用いて証明しなさい。

教 p.160問3

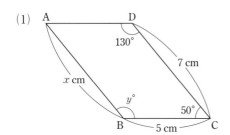

2 平行四辺形の性質 下のそれぞれの □ABCD で，x，y の値を求めなさい。

教 p.160たしかめ1

(1)

(2)

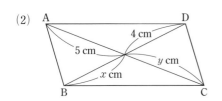

覚えておこう

平行四辺形の性質
・定理①：2組の対辺はそれぞれ等しい。

・定理②：2組の対角はそれぞれ等しい。

・定理③：対角線はそれぞれの中点で交わる。

5章

3 平行四辺形の性質を使った証明 □ABCD の対角線 BD 上に，BE＝DF となるような2点 E，F をとります。

教 p.161問4

(1) ∠AEB＝∠CFD であることを証明しなさい。

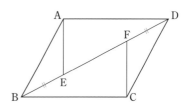

(2) AE∥CF であることを証明しなさい。

ここがポイント

△ABE と △CDF に注目する。

確認のワーク　ステージ1　2節　四角形
❷ 平行四辺形になるための条件

例❶ 平行四辺形になるための条件
教 p.162 → 基本問題❶❷

　　四角形 ABCD で，対角線の交点をOとすると，AO＝CO，BO＝DO ならば AB∥DC，AD∥BC であることを証明しなさい。

考え方 AO＝CO，BO＝DO より，△AOB と △COD，△AOD と △COB に着目する。

証明 △AOB と △COD で，

仮定から，	AO＝CO	……①
	BO＝DO	……②
対頂角は等しいから，	∠AOB＝∠COD	……③

①，②，③より，2組の辺とその間の角がそれぞれ等しいから，

$$\triangle AOB \equiv \triangle COD$$

したがって，　　　∠OAB＝∠OCD

錯角が等しいから，　AB∥ [①▢]

△AOD と △COB で，

同様にして，　　　AD∥ [②▢]

↑
△AOD≡△COB から導く

> **たいせつ**
>
> 平行四辺形になるための条件
> 四角形は，次のどれかが成り立つとき，平行四辺形である。
> 定義　：2組の対辺がそれぞれ平行である。
> 定理①：2組の対辺がそれぞれ等しい。
> 定理②：2組の対角がそれぞれ等しい。
> 定理③：対角線がそれぞれの中点で交わる。
> 定理④：1組の対辺が平行で長さが等しい。

例❷ 平行四辺形になるための条件の活用
教 p.165 → 基本問題❸❹

　　▱ABCD の対角線 BD 上に BE＝DF となる点 E，F をとります。このとき，四角形 AECF が平行四辺形になることを証明しなさい。

考え方 四角形 AECF の対角線に着目する。

証明 四角形 ABCD は平行四辺形だから，

	BO＝DO	……①
	AO＝CO	……②
また，	EO＝BO−BE	……③
	FO＝DO−DF	……④
仮定より，	BE＝DF	……⑤

> 四角形 ABCD が平行四辺形であることを利用するんだね。

①，③，④，⑤より，EO＝ [③▢] ……⑥

②，⑥より，対角線がそれぞれの中点で交わっているから，四角形 AECF は平行四辺形である。

基本問題 ┈┈┈┈┈┈┈┈┈┈┈┈┈┈┈┈┈┈┈┈┈┈ 解答 p.33

1 平行四辺形になるための条件 四角形 ABCD で，AB＝DC，AB∥DC ならば，四角形
ABCD は平行四辺形であることを証明しなさい。  教 p.164問5

ここが ポイント
対角線をひいてできる2
つの三角形に着目する。

2 平行四辺形になるための条件 四角形 ABCD が平行四辺形になるのは，次の㋐～㋓のどの場
合ですか。ただし，点Oは，対角線 AC，BD の交点とします。 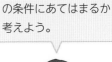 教 p.164たしかめ1

㋐ AD∥BC，AD＝5 cm，BC＝5 cm

㋑ AB＝4 cm，BC＝4 cm，AD＝6 cm，DC＝6 cm

㋒ AO＝5 cm，BO＝5 cm，CO＝7 cm，DO＝7 cm

㋓ ∠A＝100°，∠B＝80°，∠C＝100°，∠D＝80°

平行四辺形になるため
の条件にあてはまるか
考えよう。

3 平行四辺形になるための条件の活用 ▱ABCD において，
∠A，∠C の二等分線が辺 BC，DA とそれぞれ E，F で交
わっているとき，四角形 AECF は平行四辺形になります。
このことを証明しなさい。 教 p.165問6，問7

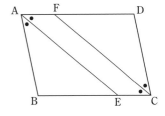

思い出そう
・2直線が平行ならば，同位
　角，錯角は等しい。
・同位角，錯角が等しければ，
　2直線は平行

4 平行四辺形になるための条件の活用 ▱ABCD において，辺 AD，
BC 上に，AE＝CF となるような点 E，F をとると，四角形
EBFD は平行四辺形になります。このことを証明しなさい。
教 p.165問6

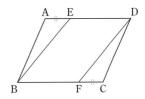

 左ページの 例 の答え ①DC ②BC ③FO

確認のワーク ステージ**1** **2節 四角形**
❸ 特別な平行四辺形

例1 特別な平行四辺形であることの証明 ── 教 p.167 → 基本問題❶❷

対角線が垂直に交わっている □ABCD はひし形であることを証明しなさい。

考え方 △OAB と △OAD の合同を示すことにより, AB＝AD を導く。

さらに, □ABCD の 4 つの辺が等しいことを示す。

証明 △OAB と △OAD で,

仮定から, ∠AOB＝∠AOD＝90° ……①

平行四辺形の対角線はそれぞれの中点で交わるから,

BO＝DO ……②

共通な辺だから, AO＝AO ……③

①, ②, ③より, 2 組の辺とその間の角がそれぞれ等しいから,

△OAB≡△OAD

したがって, AB＝ [① ▢] ……④

また, 平行四辺形の対辺は等しいから,

AB＝DC ……⑤

AD＝BC ……⑥

④, ⑤, ⑥より, AB＝BC＝DC＝AD

したがって, □ABCD はひし形である。

> **たいせつ**
> **定義** 4 つの辺が等しい四角形を
> ひし形という。
> **定義** 4 つの角が等しい四角形を
> 長方形という。
> **定義** 4 つの辺が等しく, 4 つの
> 角が等しい四角形を正方形
> という。

例2 特別な平行四辺形になるための条件 ── 教 p.168 → 基本問題❸

□ABCD の辺や角について, どのような条件を加えると, □ABCD が長方形やひし形
になるかいいなさい。

考え方 長方形やひし形の定義について考える。

解き方 平行四辺形の 1 つの角が直角のとき,

4 つの角がすべて [② ▢] で等しくなる。

これは, 長方形の定義にあてはまるから,

□ABCD は長方形になる。

平行四辺形の隣り合う 2 辺が等しいとき,

4 つの [③ ▢] がすべて等しくなる。

これは, ひし形の定義にあてはまるから,

□ABCD はひし形になる。

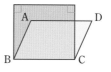

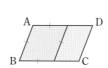

> **覚えておこう**
> ひし形, 長方形, 正方形
> は, 特別な平行四辺形と
> みることができる。
> ┌─── 平行四辺形 ───┐
> │ ひし形 ─── 長方形 │
> │ [正方形] │
> └────────────┘

基本問題

解答 p.34

1 長方形の性質 長方形の対角線の長さが等しいことを次のように証明しました。□をうめて，証明を完成させなさい。

教 p.167問3

証明 △ABC と △DCB で，

四角形 ABCD は長方形であるから，

AB=□⑦ ……①

∠ABC=∠□⑦ ……②

共通な辺だから，

BC=□⑨ ……③

①，②，③より，□㋑ がそれぞれ等しいから，

△ABC≡△DCB

したがって，AC=DB

覚えておこう

1 ひし形の対角線は垂直に交わる。

2 長方形の対角線の長さは等しい。

3 正方形の対角線は，垂直に交わり，長さが等しい。

p.39〜p.103 の右下にある図形をパラパラめくってみよう！

2 ひし形の性質 ひし形 ABCD の対角線の交点をOとすると，AC⊥BD となります。このことを，△ABO と △ADO の合同を示すことにより証明しなさい。

教 p.167例題1

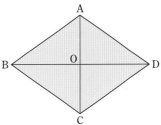

5章

3 特別な平行四辺形になるための条件 ▱ABCD に，次の条件を加えると，それぞれどんな四角形になりますか。

教 p.168問5

(1) ∠A=∠B

(2) AB=AD

(3) ∠A=∠D，AB=BC

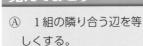

覚えておこう

Ⓐ 1組の隣り合う辺を等しくする。

Ⓑ 対角線が垂直に交わるようにする。

Ⓒ 1つの角を直角にする。

Ⓓ 対角線の長さを等しくする。

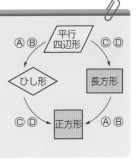

左ページの 例 の答え ① AD ②直角(90°) ③辺

確認のワーク ステージ1

3節　三角形と四角形の活用
1 平行線と面積　　2 三角形と四角形の活用

例1 平行線と面積
教 p.170 → 基本 問題 ❶❷❸

　右の図のように，△ABC と点B を通る直線 ℓ があります。直線 ℓ 上に，△ABC＝△ABC′ となるような点 C′ を1つかきなさい。

考え方 　右の図で，ℓ∥m のとき，△ABC と △A′BC の底辺 BC は共通で，高さが等しいから，△ABC＝△A′BC

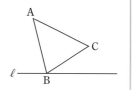

△ABC と △A′BC の面積が等しいことを「＝」を使って表す

解き方 　点C を通り，辺 AB に平行な直線 m をひき，ℓ との交点を C′ とする。C，C′ から直線 AB に垂線 CD，C′D′ をひくと，

AB∥[①⬚]　なので，CD＝[②⬚]　である。△ABC と

△ABC′ で，AB を底辺とすると[③⬚]　が等しいので，

△ABC＝△ABC′

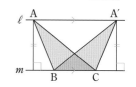
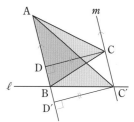

例2 三角形と四角形の活用
教 p.172 → 基本 問題

正方形の折り紙を次のように折ると，正三角形がつくれる理由を説明しなさい。

①
半分にする。

②
ひろげる。

③
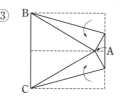
折り目の線に頂点が重なるように折る。図のように頂点 A，B，C をとる。

④
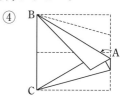
③の直線 AB を折り目として折る。

⑤
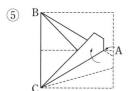
③の直線 AC を折り目として折る。

⑥
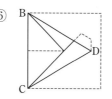
つき出た部分を折り返して三角形にする。

考え方 　最初に正三角形が現れるのは③である。

解き方 　③で，AB＝BC＝CA だから，△ABC は[④⬚]

⑥の辺 DB は③の辺 AB，⑥の辺 DC は③の辺 AC と一致するので，△DBC は[⑤⬚]

基本問題 解答 ▶ p.34

1 平行線と面積　右の図で，四角形 ABCD と面積の等しい
△ABE を，次の手順でつくりました。下の□をうめて，
四角形 ABCD＝△ABE になることを証明しなさい。

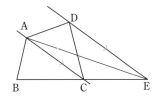

　・対角線 AC をひく。

　・点Dを通り，AC に平行な直線と，辺 BC を延長した直
　　線との交点をEとする。

　・AとEを結んで △ABE をつくる。

教 p.171問 2

　証明　AC∥DE だから，△DAC＝△ [①　　　]　……①

　　四角形 ABCD＝△ABC＋△ [②　　　]　……②

　　△ABE＝△ABC＋△ [③　　　]　……③

　　①，②，③より，四角形 ABCD＝△ABE

2 平行線と面積　右の図に，辺 CB を延長した半直線上に点F
をとり，四角形 ABCD と面積が等しい △DFC をかきなさ
い。　教 p.171たしかめ 1

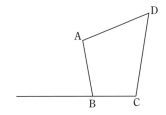

5
章

3 三角形と四角形の活用　右の図のような左右
対称な道具箱があります。この道具箱は，ふ
たと上の箱，下の箱がねじの部分で動く金具
でつながっていて，ふたを横に動かすと，箱
が開くようになっています。

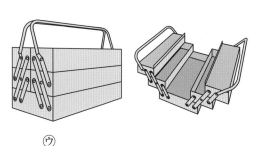

⑦　　　　　　　　　⑦　　　　　　　　　　⑦

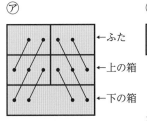
←ふた
←上の箱
←下の箱

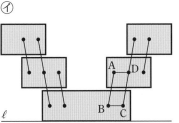

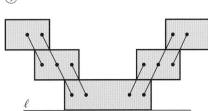

　道具箱は，上の⑦→⑦→⑦のように開きます。道具箱を平らな面に置いたとき，⑦で，
AB＝DC，AD＝BC，BC∥ℓ を保ちながら動くとすると，上の箱の底面は，いつも置いた面
と平行であると予想することができます。この予想が正しいことを証明しなさい。

教 p.173問 3

解答 p.35

定着のワーク　ステージ2
2節　四角形
3節　三角形と四角形の活用

1 右の図で，▱ABCD の ∠B の二等分線と辺 AD，CD の延長
との交点をそれぞれ E，F とします。

(1) ∠AEB の大きさを求めなさい。

(2) 線分 DF の長さを求めなさい。

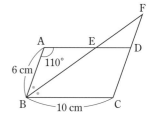

2 右の図で，▱ABCD の辺 BC 上に，AB＝AE となるような点
E をとるとき，△ABC≡△EAD となることを証明しなさい。

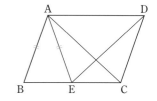

3 右の図のように，△ABC の辺 BC の中点をMとし，直
線 AM に B，C から垂線 BP，CQ をそれぞれひくとき，
四角形 BPCQ が平行四辺形になることを証明しなさい。

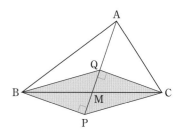

4 ▱ABCD の辺上に点 E，F，G，H をとります。EG と
FH が ▱ABCD の対角線の交点Oで垂直に交わるとき，
四角形 EFGH はどんな四角形になりますか。

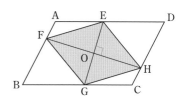

5 右の平行四辺形 ABCD で，EF∥BD であるとします。このと
き，△EBC と面積の等しい三角形をすべて答えなさい。

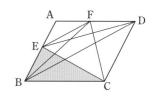

2 二等辺三角形の底角が等しいことと，平行線の錯角が等しいことを利用する。

3 2つの直角三角形 △BPM と △CQM に注目し，その合同をまず証明する。

5 AB∥DC，EF∥BD，AD∥BC より，底辺が共通で高さが等しい三角形を見つける。

6 △ABC があります。辺 BC 上の点Pを通り，△ABC の面積を
2等分する直線 PQ をひきなさい。ただし，BC の中点をMとし
ます。

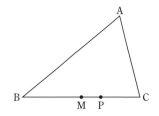

⑦ 右の図のように，長方形 ABCD があります。対角線 BD の中
点をE，辺 AD 上の点をFとし，2点E，F を通る直線が辺 BC
と交わる点をGとします。

(1) BG＝DF であることを証明しなさい。

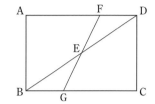

(2) 点Gを通り対角線 BD と平行な直線が，辺 CD と交わる
点をH，辺 AD の延長と線分 GH の延長が交わる点を I と
します。このとき，四角形 DBGI が平行四辺形であること
を証明しなさい。

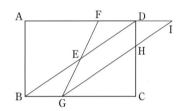

5
章

(3) 点Fと点Hを結ぶとき，FH＋GH＝BD であることを証明しなさい。

入試問題を やってみよう！

① 右の図のように，平行四辺形 ABCD の対角線の交点をO
とし，線分 OA，OC 上に，AE＝CF となる点E，F をそれ
ぞれとります。このとき，四角形 EBFD は平行四辺形であ
ることを証明しなさい。 〔埼玉2019〕

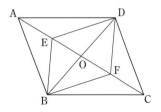

---

6 △ABM と △ACM では，BM＝CM であることから，△ABM＝△ACM である。これを利用
して三角形を変形することを考える。

⑦ (3) まず(1)と(2)で証明したことから，**△FHD≡△IHD** を証明する。

実力判定テスト ステージ3　三角形と四角形

40分　　/100

1 右の図の △ABC は AB＝BC の二等辺三角形で，点 D は
∠B の二等分線と辺 AC の交点です。　　　　5点×2(10点)

(1)　∠x の大きさを求めなさい。

(　　　　　　　　)

(2)　AD の長さを求めなさい。

(　　　　　　　　)

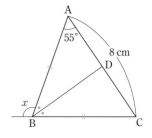

2 次のそれぞれの逆をいいなさい。また，それが正しいかどうかもいいなさい。

5点×2(10点)

(1)　$x=3$ ならば，$x+2=5$ である。　　(　　　　　　　　　　　　　)

(2)　合同な2つの三角形は，面積が等しい。(　　　　　　　　　　　　　)

3 右の図のように，AB＝AC の二等辺三角形があります。
∠A の二等分線が辺 BC と交わる点を D，点 D を通り辺 AB
に平行な直線が辺 AC と交わる点を E とするとき，△ADE
が二等辺三角形であることを証明しなさい。　　　　(10点)

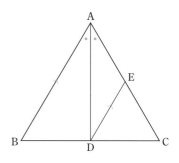

4 △ABC で，AB，AC をそれぞれ1辺とする正三角形
ABD と正三角形 ACE を，△ABC の外側につくります。こ
のとき，△ABE≡△ADC を証明しなさい。　　　　(10点)

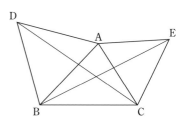

5 AB＝AC の二等辺三角形 ABC で，辺 BC の中点を D とし，
D から辺 AB，AC にそれぞれ垂線 DE，DF をひきます。この
とき，DE＝DF となることを証明しなさい。　　　　(10点)

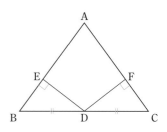

6 右の図の □ABCD で，対角線 BD 上に BE＝DF となるような点 E，F をとります。　10点×2（20点）

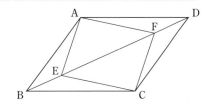

(1) ∠ABC の大きさを $x°$ とするとき，∠BAD の大きさを x を用いて表しなさい。

(　　　　　　　　)

(2) AE＝CF であることを証明しなさい。

7 右の図の □ABCD で，辺 AD，BC の中点をそれぞれ E，F とすると，四角形 AFCE は平行四辺形になることを証明しなさい。　（10点）

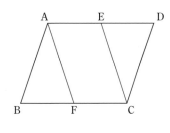

8 四角形 ABCD に次の条件が加わると，その四角形はどのような四角形になりますか。ただし，点Oは対角線 AC，BD の交点とします。　5点×2（10点）

(1) AO＝CO，BO＝DO，AB＝BC

(　　　　　　　　)

(2) AB∥DC，AD∥BC，∠A＝90°

(　　　　　　　　)

9 右の図のように，AD∥BC である台形 ABCD の対角線 AC と BD の交点をOとします。O を通り辺 AB に平行な直線をひき，辺 BC との交点をEとし，A とE を直線で結びます。この図において，△ABE と面積が等しい三角形を2つあげなさい。　（10点）

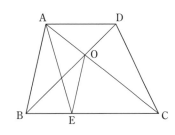

(　　　　　　　　)

 アプリ【どこでもワーク計算編・図形編】をやって，さらに力をつけよう!

確認のワーク　ステージ**1**　数学の広場　2つの正三角形
発展 立方体の切り口

例1 2つの正三角形
教 p.177 → 基本問題❶❷❸

　右の図のように，2つの正方形 ACDF と CBGE があるとき，AE＝DB になることを証明しなさい。

考え方　△ACE と △DCB の合同を示すことにより，AE＝DB を導く。

証明　△ACE と △DCB で，

四角形 ACDF は正方形だから，AC＝DC　……①

四角形 CBGE は正方形だから，CE＝CB　……②

$\angle ACE = 90° + \angle \boxed{①}$　……③

$\angle DCB = 90° + \angle \boxed{②}$　……④

③，④より，$\angle ACE = \angle \boxed{③}$　……⑤

①，②，⑤より，$\boxed{④}$ がそれぞれ等しいから，

△ACE≡△DCB

したがって，AE＝DB

> すぐに等しいことが示せない角でも，角の和で表すと等しいことがわかるね。

発展 例2 立方体の切り口
教 p.178 → 基本問題❹

　右の図のように，立方体を3点 B，G，D を通る平面で切ると，△BGD はどんな三角形になりますか。

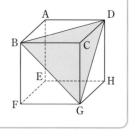

考え方　立方体を平面で切ったときの切り口は，切り方によっていろいろな形になる。

①三角形　　②四角形　　③五角形　　④六角形

 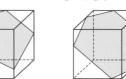

> 辺の長さに注目して考えよう。

解き方　立方体の6つの面はすべて合同な正方形である。

ここで，△BGD の3つの辺 BG，GD，DB はどれも合同な正方形の

$\boxed{⑤}$ であるから，その長さは等しいことがわかる。

つまり，△BGD は3つの辺の長さが等しいので，$\boxed{⑥}$ である。

基本問題 ・・・・・・・・・・・・・・・・・・・・・・・・・・・・・・・・・・・・・・ 解答 p.38

1 2つの正三角形　右の図のように，2つの正三角形 △ACD と △ECB
があるとき，AE＝DB になることを証明しなさい。　教 p.177

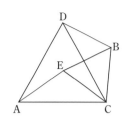

2 2つの直角二等辺三角形　右の図のように，2つの直角二等辺三
角形 △ACD と △BCE があるとき，AE＝DB になることを証
明しなさい。　教 p.177

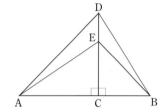

3 2つのひし形　右の図のように2つのひし形 ACDF と
CBGE があり，∠DCA＝∠ECB です。AE＝DB になること
を証明しなさい。　教 p.177

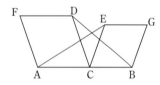

4 立方体の切り口　立方体 ABCD-EFGH を切ります。辺 AD の中点を P，辺 CD の中点を
Q とします。　教 p.178, 179

(1)　4点 P, Q, G, E を通る平面で切ると，四角形 PQGE
はどんな四角形になりますか。

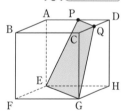

(2)　P, Q, F を通る平面で切ると，切り口はどんな形にな
りますか。

(3)　辺 CG の中点を R とします。3点 D, R, F を通る平面で切る
と，切り口はどんな形になりますか。

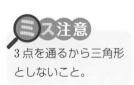

ミス注意

3点を通るから三角形
としないこと。

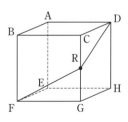

左ページの
例 の答え　① DCE（ECD）　② DCE（ECD）　③ DCB　④ 2組の辺とその間の角　⑤ 対角線　⑥ 正三角形

確認のワーク　ステージ1　1節　確率　❶ 確率の求め方

例1　確率の求め方

教 p.184 → 基本問題❶❷

1個のさいころを投げるとき，4以下の目が出る確率を求めなさい。

考え方　起こりうるすべての場合が n 通りで，そのどれが起こることも同様に確からしいとする。

このとき，ことがらAが起こる場合が a 通りとすると，Aが起こる確率 p は，$p=\dfrac{a}{n}$ となる。

解き方　さいころを投げるとき，起こりうるすべての場合は，1，2，3，4，5，6の $\underset{n}{6}$ 通りで，

そのどの目が出ることも同様に確からしい。このうち，4以下の目は1，2，3，4の $\underset{a}{4}$ 通りで

ある。

したがって，4以下の目が出る確率は，$\dfrac{4}{6}=\boxed{\text{①}}$
$\underset{p=\frac{a}{n}}{\uparrow}$

➤ たいせつ

さいころの1から6の目のように，どの目が出ることも同じ程度に期待することができるとき，1から6のどの目が出ることも**同様に確からしい**という。

例2　確率の範囲

教 p.188 → 基本問題❸

1個のさいころを投げるとき，次の確率を求めなさい。

(1)　素数の目が出る確率

(2)　8の目が出る確率

(3)　6以下の目が出る確率

考え方　そのことがらが決して起こらないときの確率は0である。

そのことがらが必ず起こるときの確率は1である。

解き方　起こりうるすべての場合は6通りある。

(1)　素数の目が出る場合は2，3，5の $\boxed{\text{②}}$ 通り

だから，確率は，$\dfrac{3}{6}=\boxed{\text{③}}$

(2)　8の目が出る場合は $\boxed{\text{④}}$ 通りだから，
　　↑ さいころに8の目はない

確率は，$\dfrac{0}{6}=\boxed{\text{⑤}}$

(3)　6以下の目が出る場合は1，2，3，4，5，6の $\boxed{\text{⑥}}$ 通りだから，

確率は，$\dfrac{6}{6}=\boxed{\text{⑦}}$

覚えておこう

あることがらAが起こる確率 p のとりうる値の範囲は，

$0\leqq p\leqq 1$

確率を求めたら，0から1の範囲にあるかどうか確かめよう。

基 本 問 題 ·· 解答 p.39

1 同様に確からしい　次のことがらは，同様に確からしいといえますか。　数 p.185問1

(1)　1個のさいころを投げるとき，2の目が出ることと，6の目
　　が出ること。

ここが ポイント

いくつかのことがらが，ど
れも同じ程度に起こること
が期待できるか考える。

(2)　画びょうを投げるとき，上向きになることと，下向きになること。

上向き　　下向き

2 確率の求め方　1個のさいころを投げるとき，次のような目が出る確率を求めなさい。

数 p.185問3

(1)　1または5の目が出る確率

(2)　4より大きい目が出る確率

思い出そう

●より大きい
　→ ●をふくまない。

(3)　奇数(きすう)の目が出る確率

3 確率の範囲　1から10までの数字が1つずつ書かれた10個の玉が入っている袋(ふくろ)の中から，
玉を1個取り出すとき，次の確率を求めなさい。　数 p.188

6
章

(1)　3の倍数が書かれた玉を取り出す確率

(2)　偶数(ぐうすう)が書かれた玉を取り出す確率

(3)　10の約数が書かれた玉を取り出す確率

それぞれのことがらの
起こる場合が何通りあ
るか数えてみよう。

(4)　10以下の数が書かれた玉を取り出す確率

(5)　0が書かれた玉を取り出す確率

左ページの
例 の答え　① $\frac{2}{3}$　② 3　③ $\frac{1}{2}$　④ 0　⑤ 0　⑥ 6　⑦ 1

確認のワーク　ステージ1

1節　確率
2 いろいろな確率(1)

例1　くじを引くときの確率　　教 p.189 → 基本問題①

6本のうち，当たりが2本入っているくじがあります。A，Bの2人がこの順に1本ずつ引くとき，A，Bが当たる確率を，それぞれ求めなさい。

ただし，引いたくじはもとに戻さないものとします。

考え方　2人のくじの引き方を，樹形図をつくって考える。

解き方　当たりを①，②，はずれを③，④，⑤，⑥と区別し，A，Bのくじの引き方を樹形図にかく。

右の図から，A，Bのくじの引き方は，全部で30通り
そのどれが起こることも同様に確からしい。

Aが当たりを引くのは，図の●印の10通りだから，

Aが当たる確率は $\dfrac{\boxed{①}}{30}=\boxed{②}$

Bが当たりを引くのは，図の☆印の$\boxed{③}$通りだから，

Bが当たる確率は $\boxed{④}$

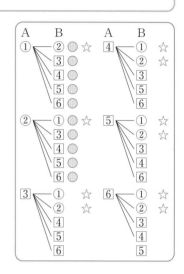

例2　2個のさいころを同時に投げるときの確率　教 p.190 → 基本問題③

2個のさいころを同時に投げるとき，出る目の数の和が7になる確率を求めなさい。

考え方　2個のさいころをA，Bとして，表や樹形図に整理して考える。
↑ 2個のさいころを区別する。

解き方

A\B	1	2	3	4	5	6
1	(1, 1)	(1, 2)	(1, 3)	(1, 4)	(1, 5)	(1, 6)
2	(2, 1)	(2, 2)	(2, 3)	(2, 4)	(2, 5)	(2, 6)
3	(3, 1)	(3, 2)	(3, 3)	(3, 4)	(3, 5)	(3, 6)
4	(4, 1)	(4, 2)	(4, 3)	(4, 4)	(4, 5)	(4, 6)
5	(5, 1)	(5, 2)	(5, 3)	(5, 4)	(5, 5)	(5, 6)
6	(6, 1)	(6, 2)	(6, 3)	(6, 4)	(6, 5)	(6, 6)

知ってると得
樹形図を使ってもよい。

起こりうるすべての場合は36通りで，どれが起こることも同様に確からしいといえる。表を調べると，出る目の数の和が7になるのは，(1, 6)，(2, 5)，(3, 4)，(4, 3)，(5, 2)，(6, 1)の6通り。

したがって，求める確率は，$\dfrac{6}{36}=\boxed{⑤}$

基本問題 .... 解答 p.39

1 くじを引くときの確率　4本のうち，当たりが2本入っているくじがあります。　教 p.189

(1) このくじを，A，Bの2人がこの順に1本ずつ引くとき，A，Bが当たる確率を，それぞれ求めなさい。ただし，引いたくじはもとに戻さないものとします。

(2) このくじを，A，B，Cの3人がこの順に1本ずつ引くとき，最も当たりやすい人は，だれですか。ただし，引いたくじはもとに戻さないものとします。

2 くじを引くときの確率　A，B，C，D，Eの5人の中から，くじ引きで委員長1人，副委員長1人を選ぶとき，Aが委員長，Bが副委員長に選ばれる確率を求めなさい。　教 p.189問1

3 2個のさいころを同時に投げるときの確率　2個のさいころを同時に投げるとき，出る目の数の和について，次の問いに答えなさい。　教 p.190 たしかめ2

(1) 右の表は，2個のさいころをA，Bで表し，出る目の数の和を調べたものです。空らんをうめて表を完成させなさい。

A\B	1	2	3	4	5	6
1	2	3	4			
2	3	4				
3	4					
4						
5						
6						

(2) 出る目の数の和が6になる確率を求めなさい。

(3) 出る目の数の和が8以上になる確率を求めなさい。

ここがポイント

表を調べて，条件に合う場合が何通りあるか調べる。

(4) 出る目の数の和が4の倍数になる確率を求めなさい。

6章

確認のワーク ステージ**1**

1節　確率
2 いろいろな確率(2)

例**1** 2人を選ぶときの確率

教 p.191 → 基本問題 **1** **2**

男子 A，Bと女子 C，D，Eの5人の中から，くじ引きで2人の係を選ぶとき，男子と女子が1人ずつ選ばれる確率を求めなさい。

考え方　A，B，C，D，Eの5人の中から2人を選ぶような場合，たとえば，AとBが選ばれることと，BとAが選ばれることは同じであり，選ばれる順番は関係がない。

解き方　AとBが選ばれることを{A, B}と表すとすると，係のすべての選び方は，次の10通りになる。

{A, B}, {A, C}, {A, D}, {A, E}
{B, C}, {B, D}, {B, E}
{C, D}, {C, E}
{D, E}

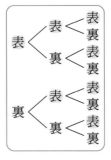

このどれが起こることも同様に確からしい。このうち，男子と女子が1人ずつ選ばれる場合は，{A, C}，{A, D}，{A, E}，{B, C}，{B, D}，{B, E}の6通りである。

したがって，求める確率は，$\dfrac{6}{10}=$ ① ☐

例**2** 少なくとも〜になる確率

教 p.193 → 基本問題 **3**

3枚の10円硬貨を同時に投げるとき，少なくとも1枚は表が出る確率を求めなさい。

考え方　「少なくとも1枚は表が出る」ということは，「3枚とも裏が出る」とならない場合である。
〔1枚も表が出ない〕
る。したがって，(少なくとも1枚は表が出る確率)＝1−(3枚とも裏が出る確率) の関係が成り立つ。

解き方　起こりうるすべての場合は，右の樹形図より8通り。このうち，3枚とも裏が出る場合は1通り。

したがって，

（少なくとも1枚は表が出る確率）

＝1−(3枚とも裏が出る確率)

$=1-\dfrac{1}{8}$

$=$ ② ☐

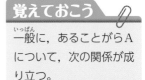

覚えておこう

一般に，あることがらAについて，次の関係が成り立つ。

（Aの起こらない確率）
＝1−(Aの起こる確率)

ーすべての場合ー

| Aの起こる場合 | Aの起こらない場合 |

基本問題 ⋯⋯⋯⋯⋯⋯⋯⋯⋯⋯⋯⋯⋯⋯⋯⋯⋯⋯⋯⋯⋯⋯ 解答 ▶ p.40

1 2個の玉を取り出す確率 赤玉が3個, 青玉が3個入っている袋の中から, 同時に2個の玉を取り出します。

教 p.191問4

(1) 赤玉を A, B, C, 青玉を D, E, F として, 起こりうるすべての場合をいいなさい。

> **ここが ポイント**
> 〔A, B〕, 〔A, C〕, …
> のように順に書き出す。
> 落ちや重複がないように
> 整理する。

(2) 2個とも赤玉である確率を求めなさい。

(3) 赤玉, 青玉を1個ずつ取り出す確率を求めなさい。

2 2枚のカードを引く確率 1から6までの数字を1つずつ書いた6枚のカードがあります。このカードをよくきってから, カードを同時に2枚引きます。

教 p.191問4

(1) 2枚とも偶数である確率を求めなさい。

(2) 2枚のカードの数の和が7となる確率を求めなさい。

3 少なくとも〜になる確率 男子3人と女子3人の6人の中から, くじ引きで2人の委員を選びます。

教 p.193問5

(1) 男子と女子が1人ずつ選ばれる確率を求めなさい。

> **ミス注意**
> 起こりうるすべての場合
> を, (男, 男), (男, 女),
> (女, 女) の3通りとしな
> いこと。

(2) 女子2人が選ばれる確率を求めなさい。

(3) 少なくとも男子1人が選ばれる確率を求めなさい。

6
章

解答▶p.41

定着のワーク　ステージ2　1節　確率

1 あるゆがみのないコインを投げたときの表，裏の出方について，高橋さんは次のように予想しました。この予想は正しいといえますか。その理由も説明しなさい。

> 表が出ることと裏が出ることは同様に確からしく，表の出る確率は $\frac{1}{2}$ だから，このコインを2回投げれば，そのうち1回はかならず表が出る。

2 次の問いに答えなさい。

⑴　1個のさいころを投げるとき，3以上の目が出る確率を求めなさい。

⑵　ジョーカーを除く52枚のトランプをよくきって，その中から1枚を引くとき，5以上10以下の♥か◆のマークのカードが出る確率を求めなさい。

⑶　A，B2つの袋があり，どちらの袋にも赤玉1個と青玉1個が入っています。2つの袋から同時に1個ずつの玉を取り出すとき，赤玉と青玉が1個ずつ出る確率を求めなさい。

3 2個のさいころを同時に投げるとき，次の確率を求めなさい。

⑴　出る目の数の差が2になる確率

⑵　出る目の数の差が3以上になる確率

4 1から5までの数字を1つずつ書いた5枚のカードがあります。この中からカードを1枚ずつ続けて2回引き，引いた順に左から並べて2桁の整数をつくります。

⑴　できた整数が3でわりきれる確率を求めなさい。

⑵　できた整数の十の位の数が一の位の数より大きくなる確率を求めなさい。

⑶　できた整数が42以上になる確率を求めなさい。

1 確率や同様に確からしいの意味を考える。
2 すべての場合と，そのことがらが起こる場合が何通りあるかを調べる。
4 起こりうるすべての場合を，表や樹形図にして書き出してから考えるとよい。

5 赤玉が 2 個，青玉が 3 個，白玉が 1 個入った袋の中から，同時に 2 個の玉を取り出します。

(1) 赤玉と青玉が 1 個ずつ出る確率を求めなさい。

(2) 2 個のうち 1 個が白玉である確率を求めなさい。

(3) 2 個のうち，少なくとも 1 個が青玉である確率を求めなさい。

6 7 本のうち，当たりが 2 本入っているくじがあります。このくじを，A が先に 1 本引き，続けて B が 1 本引きます。ただし，引いたくじはもとに戻さないものとします。

(1) B が当たる確率を求めなさい。

(2) A も B も当たる確率を求めなさい。

7 数直線上を移動する点 P があり，いま点 P は原点の位置に止まっています。さいころを投げて，偶数の目が出たら正の方向へ，奇数の目が出たら負の方向へ，出た目の数だけ点 P が移動します。さいころを 2 回投げるとき，次の問いに答えなさい。

(1) 点 P が 4 の位置にくる確率を求めなさい。

(2) 点 P が 3 より右，7 より左にくる確率を求めなさい。

6 章

入試問題を やってみよう！

1 500 円，100 円，50 円，10 円の硬貨が 1 枚ずつあります。この 4 枚を同時に投げるとき，次の各問いに答えなさい。　　　　　　　　〔三重〕

(1) 4 枚のうち，少なくとも 1 枚は裏となる確率を求めなさい。

(2) 表が出た硬貨の合計金額が，510 円以上になる確率を求めなさい。

5 (3) 少なくとも 1 個が青玉である場合をすべて数えてもよいが，次のように考えるとよい。
（少なくとも 1 個が青玉である確率）＝1－（青玉が 1 個もない確率）

7 偶数の目は ＋，奇数の目は － として，まちがえないように調べよう。

解答　p.44

実力判定テスト ステージ3　確率

⏱ 40分　　/100

1 次のことがらは，同様に確からしいといえますか。　5点×2(10点)

⑦　びんの王冠を投げたときに，表が出ることと裏が出ること。

（　　　　　　　　）

⑦　1，2，3，4，5，6のカードを裏返してよくかきまぜてから1枚引くとき，1のカードが出ることと，5のカードが出ること。

（　　　　　　　　）

2 次の確率を求めなさい。　5点×3(15点)

⑴　当たりくじ4本，はずれくじ16本からなるくじがあります。このくじの中から1本引くとき，それが当たりくじである確率

（　　　　　　　　）

⑵　さいころを1回投げるとき，出る目の数が5以上である確率

（　　　　　　　　）

⑶　ジョーカーを除く52枚のトランプをよくきって，その中から1枚を引くとき，絵札(ジャック，クイーン，キング)のカードが出る確率

（　　　　　　　　）

3 1，2，3，…，20の数字を1つずつ記入した20枚のカードがあります。このカードをよくきって1枚引くとき，次の問いに答えなさい。　5点×5(25点)

⑴　起こりうるすべての場合は何通りですか。

（　　　　　　　　）

⑵　⑴のどれが起こることも同様に確からしいといえますか。

（　　　　　　　　）

⑶　引いた1枚のカードに書かれた数が3の倍数である確率を求めなさい。

（　　　　　　　　）

⑷　引いた1枚のカードに書かれた数が整数である確率を求めなさい。

（　　　　　　　　）

⑸　引いた1枚のカードに書かれた数が21である確率を求めなさい。

（　　　　　　　　）

目標	硬貨，さいころ，カード，玉などの基本的な問題は，確実に解けるようにしよう。

自分の得点まで色をぬろう！

😣がんばろう！	😐もう一歩	😊合格！

0　　　　　　　　　　　　　60　　80　　100点

4 2個のさいころ A，B を同時に投げます。　　　　　　　　　　5点×3（15点）

(1) 同じ目が出る確率を求めなさい。

（　　　　　　　）

(2) 出る目の数の和が 11 となる確率を求めなさい。

（　　　　　　　）

(3) 出る目の数の差が 3 となる確率を求めなさい。

（　　　　　　　）

5 次の問いに答えなさい。　　　　　　　　　　　　　　　　　5点×2（10点）

(1) 5本中3本が当たりであるくじを，まず兄が1本引き，続いて弟が1本引きます。兄と弟の2人とも当たりを引く確率を求めなさい。ただし，引いたくじはもとに戻さないものとします。

（　　　　　　　）

(2) A，B，C，D，E の5人の中から，くじ引きで2人の当番を選びます。Aが当番になる確率を求めなさい。

（　　　　　　　）

6 赤玉が3個，青玉が2個入っている袋があります。この中から同時に2個の玉を取り出します。　　　　　　　　　　　　　　　　　　　　　　　　　　　5点×3（15点）

(1) 赤玉と青玉が1個ずつ出る確率を求めなさい。

（　　　　　　　）

(2) 同じ色の玉が2個出る確率を求めなさい。

（　　　　　　　）

(3) 少なくとも1個は赤玉が出る確率を求めなさい。

（　　　　　　　）

7 右の図のような正方形 ABCD があります。1つの石を頂点Aに置き，1から6までの目のついた1つのさいころを2回投げます。出た目の数の和と同じ数だけ，頂点Aに置いた石を頂点 B，C，D，A，…の順に矢印の向きに先へ進めます。　　　　　　5点×2（10点）

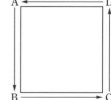

(1) この石が1周して，ちょうど頂点Aに止まる確率を求めなさい。

（　　　　　　　）

(2) この石がちょうど頂点Bに止まる確率を求めなさい。

（　　　　　　　）

6章

アプリ【どこでもワーク計算編】をやって，さらに力をつけよう！

確認のワーク ステージ1　1節　データの散らばり
1 四分位数と四分位範囲

例 1 四分位数・四分位範囲
教 p.206, 207 →基本問題 ❶ ❷

次のデータは，ある中学校のA〜C班のテストの結果を調べたものです。

A班　10人（単位：点）

| 70 | 95 | 88 | 100 | 54 | 65 | 91 | 74 | 85 | 77 |

B班　8人（単位：点）

| 72 | 83 | 51 | 45 | 98 | 86 | 92 | 68 |

C班　11人（単位：点）

| 57 | 86 | 8 | 45 | 100 | 51 | 65 | 79 | 88 | 55 | 73 |

A〜C班のテストの結果の四分位数と四分位範囲を求めなさい。

考え方 データの中央値が第2四分位数である。

A班ではデータを小さい順に並べて，1〜5番目のデータの中央値が第1四分位数，6〜10番目のデータの中央値が第3四分位数である。

四分位範囲は，(第3四分位数)−(第1四分位数)で求められる。

四分位数
データを小さいほうから順に並べて4等分したとき，3つの区切りの値を**四分位数**といい，小さいほうから順に，**第1四分位数**，**第2四分位数**，**第3四分位数**という。

解き方 A班のデータを小さい順に並べると，

54　65　⑺⁰　74　77 ｜ 85　88　⑼¹　95　100

第2四分位数，すなわち中央値は，$\frac{77+85}{2}=$ ① ☐ （点）

第1四分位数は，② ☐ 点，第3四分位数は，③ ☐ 点

四分位範囲は，③ ☐ − ② ☐ = ④ ☐ （点）

B班のデータを小さい順に並べると，　45　51 ｜ 68　72 ｜ 83　86 ｜ 92　98

第2四分位数，すなわち中央値は，$\frac{72+83}{2}=$ ⑤ ☐ （点）

第1四分位数は，$\frac{51+68}{2}=$ ⑥ ☐ （点），第3四分位数は，$\frac{86+92}{2}=$ ⑦ ☐ （点）

四分位範囲は，⑦ ☐ − ⑥ ☐ = ⑧ ☐ （点）

C班のデータを小さい順に並べると，

8　45　㊿¹　55　57　⑥⁵　73　79　⑧⁶　88　100

第2四分位数，すなわち中央値は，⑨ ☐ 点，第1四分位数は，⑩ ☐ 点，

第3四分位数は，⑪ ☐ 点，四分位範囲は，⑪ ☐ − ⑩ ☐ = ⑫ ☐ （点）

基本問題 ⋯⋯⋯⋯⋯⋯⋯⋯⋯⋯⋯⋯⋯⋯⋯⋯⋯⋯⋯⋯ 解答 p.45

1 四分位数・四分位範囲 次のデータは，ある中学校のA〜D組の一部の生徒について，1年間に図書室で借りた本の冊数を調べて，少ないほうから順に整理したものです。

教 p.206たしかめ1

```
── A組　10人（単位：冊）──        ── B組　9人（単位：冊）──
  9    12   19   30   36          10   22   29   31   35
 42    50   56   60   65          40   48   52   70
```

```
── C組　11人（単位：冊）──        ── D組　8人（単位：冊）──
  5   11   19   20   25   31       12   17   19   22
 36   40   45   51   60            24   29   31   53
```

⑴　A〜D組の借りた本の冊数の四分位数をそれぞれ求めなさい。

⑵　A〜D組の借りた本の冊数の四分位範囲をそれぞれ求めなさい。

⑶　C組とD組のデータについて，中央値のまわりのデータの散らばりぐあいが大きいのはどちらですか。

2 範囲と四分位範囲 次のデータは，スーパーマーケットのA店〜K店で，ある日に売れたコロッケの個数です。

教 p.208問3

店	A	B	C	D	E	F	G	H	I	J	K
個数	82	91	95	86	65	61	78	72	19	52	59

⑴　このデータの範囲と四分位範囲を求めなさい。

⑵　I店を除いたデータの範囲と四分位範囲を求めなさい。

⑶　データの中に極端にかけ離れた値があるとき，影響を大きく受けるのは範囲と四分位範囲のどちらですか。

左ページの 例 の答え　①81　②70　③91　④21　⑤77.5　⑥59.5　⑦89　⑧29.5　⑨65　⑩51　⑪86　⑫35

1節　データの散らばり　**2** 箱ひげ図
2節　データの活用　　　**1** データの活用

例 1 箱ひげ図 ────────────────────────────── 教 p.209 → 基本問題 **1** **2**

　下の図は，ある中学校の 2 年生 100 人の数学，英語，国語のテストの得点のデータを箱ひげ図で表したものです。

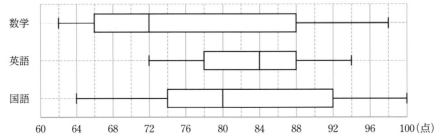

(1)　下の表は，数学，英語，国語のテストの得点のデータについて，四分位数などの値をまとめたものです。国語について，表をうめなさい。

(2)　四分位範囲が最も小さいのは，どの教科ですか。

(3)　74 点以下の生徒が 50 人以上いるのは，どの教科ですか。

	得点 (点)				
	最小値	第1四分位数	中央値	第3四分位数	最大値
数学	62	66	72	88	98
英語	72	78	84	88	94
国語					

考え方 (2)　箱ひげ図の箱の長さが最も短い教科を見つける。

解き方 (1)

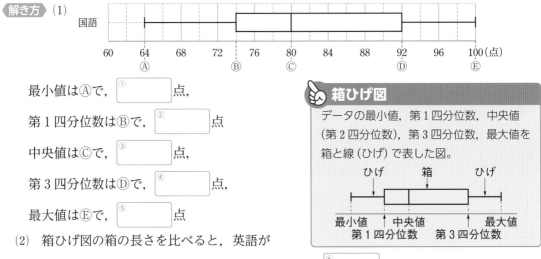

最小値はⒶで，[①　　　　] 点，

第 1 四分位数はⒷで，[②　　　　] 点

中央値はⒸで，[③　　　　] 点，

第 3 四分位数はⒹで，[④　　　　] 点，

最大値はⒺで，[⑤　　　　] 点

> **箱ひげ図**
> データの最小値，第 1 四分位数，中央値（第 2 四分位数），第 3 四分位数，最大値を箱と線（ひげ）で表した図。
>
> ひげ　箱　ひげ
>
> 最小値　中央値　　　最大値
> 　第 1 四分位数　第 3 四分位数

(2)　箱ひげ図の箱の長さを比べると，英語がいちばん短いので，四分位範囲が最も小さい教科は [⑥　　　　] である。

(3)　各教科のデータの中央値は，数学が [⑦　　　　] 点，英語が [⑧　　　　] 点，国語が [⑨　　　　] 点である。得点が中央値以下の生徒は半数の 50 人以上いるから，[⑩　　　　] があてはまる。

基本問題 解答▶ p.46

1 箱ひげ図　A中学校の生徒が連続でとんだなわとびの回数について，次の問いに答えなさい。

教 p.210たしかめ1, 問1

(1) 右のデータは，1組の1班10人がとんだ回数を調べて，小さい順に並べたものです。この回数について，箱ひげ図をかきなさい。

			(単位：回)	
15	20	24	30	36
42	50	56	60	65

0　10　20　30　40　50　60　70　80　90（回）

(2) 右の図は，1～3組の生徒全員のとんだ回数を箱ひげ図でそれぞれ表したものです。また，次の⑦～⑨のヒストグラムは，1～3組のいずれかのデータを表しています。1～3組のとんだ回数を表したヒストグラムを，⑦～⑨の中からそれぞれ選びなさい。

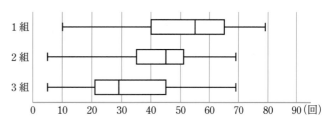

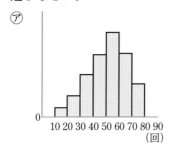
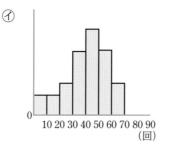
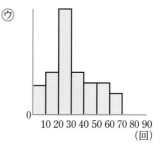

2 箱ひげ図と折れ線グラフ　ある商店で1日に売れたアイスの個数を調べました。図1は各月の分布のようすを箱ひげ図に表したものです。また，図2は，各月の平均値を折れ線グラフに表したものです。次の⑦～⑨のうち，正しいものをすべて選びなさい。

教 p.212問2, 問3

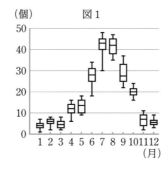
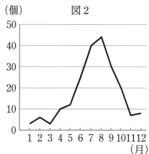

⑦　売れた個数が最も多かった日は7月だった。

④　平均値が最も高い月は，中央値も最も高い。

⑨　1個も売れなかった日は，1日もない。

解答 ▶ p.47

定着のワーク　ステージ2

1節　データの散らばり
2節　データの活用

1 次のデータは，A〜Dグループがあきかん拾いをして，拾ったあきかんの個数を調べたものです。

| ─ Aグループ 11 人 ─（単位：個）─ |
| 5　6　7　21　2　3 |
| 20　15　18　12　5 |

| ─ Bグループ 13 人 ─（単位：個）─ |
| 3　22　7　9　7　1　10 |
| 15　4　25　3　1　2 |

| ─ Cグループ 10 人 ─（単位：個）─ |
| 16　17　12　5　9　20 |
| 9　21　8　6 |

| ─ Dグループ 12 人 ─（単位：個）─ |
| 24　10　3　5　10　9　22 |
| 15　13　15　24　10 |

(1) 各グループの最小値，第1四分位数，中央値（第2四分位数），第3四分位数，最大値を求めなさい。

グループ	拾ったあきかんの個数（個）				
	最小値	第1四分位数	中央値	第3四分位数	最大値
A					
B					
C					
D					

(2) A〜Dグループのデータについて，箱ひげ図をそれぞれかきなさい。

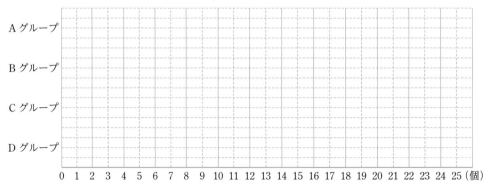

1 データを値の小さい順に並べかえる。データが奇数個か偶数個かによって，四分位数の求め方が異なる。

❷ 下の図は，ある中学校で第1回から第5回まで行った漢字テストについて，生徒160人の得点を箱ひげ図に表したものです。このとき，次の(1)～(5)にあてはまるテストは第何回か，それぞれ答えなさい。

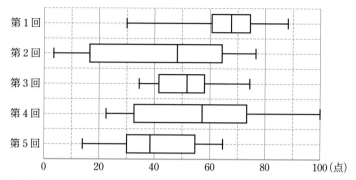

(1) 100点の生徒がいる。

(2) 60点以上の生徒が120人以上いる。

(3) 40点未満の生徒が半数以上いる。

(4) 20点未満の生徒が40人以上いる。

(5) 40点以下と60点以上の生徒を合わせると，80人以下である。

❸ Aさんは毎日歩いた歩数を調べています。図1は，1月～6月の各月の分布のようすを箱ひげ図に表したもので，図2は，それらの各月の平均値を折れ線グラフに表したものです。次の各問いに答えなさい。

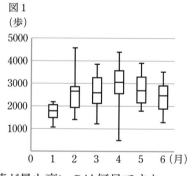
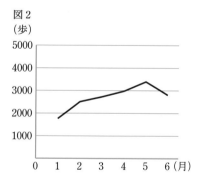

(1) 平均値が最も高いのは何月ですか。

(2) 中央値が最も高いのは何月ですか。

(3) 最も多く歩いた日があるのは何月ですか。

(4) 四分位範囲が最も小さいのは何月ですか。

(5) 最も多く歩いた日と最も少なく歩いた日の歩数の差が最も大きいのは何月ですか。

❷ データは，四分位数で，4つのグループに分かれる。
❸ 箱ひげ図は，各月の中での中央値を基準とした分布のようすがわかる図である。

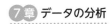

実力判定テスト　ステージ3　データの分析

解答 p.48

20分　/100

1 ある学校のA班 10 人とB班 10 人の，登校にかかる時間を調べたところ，次のような結果になりました。

8点×9（72点）

登校にかかる時間（分）									
A班	15	10	7	19	5	20	12	9	18	12
B班	4	8	19	12	2	11	12	14	13	6

(1)　A班，B班の四分位数と四分位範囲をそれぞれ求めなさい。

A班　第1四分位数（　　　）　第2四分位数（　　　）

　　　第3四分位数（　　　）　四分位範囲（　　　）

B班　第1四分位数（　　　）　第2四分位数（　　　）

　　　第3四分位数（　　　）　四分位範囲（　　　）

(2)　A班とB班の登校にかかる時間について，箱ひげ図をそれぞれかきなさい。

2 下の(1)，(2)の箱ひげ図について，同じデータを使ってかいたヒストグラムを，㋐〜㋑の中からそれぞれ選びなさい。

14点×2（28点）

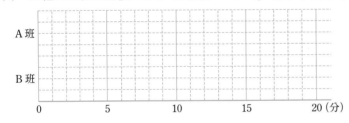

(1) （　　　）

(2) （　　　）

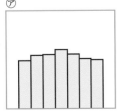 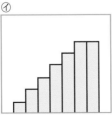 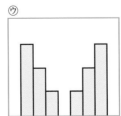

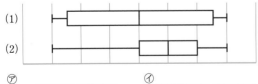 アプリ【どこでもワーク計算編】をやって，さらに力をつけよう！

式の計算

単項式・多項式

①単項式 ➡ 数や文字の乗法だけでできている式。

②多項式 ➡ 単項式の和の形で表された式。

③多項式の次数 ➡ 各項の次数のうちでもっとも大きいもの。（次数が n の式を n 次式という。）

多項式の加法・減法

①同類項をまとめる。➡ $ax+bx=(a+b)x$

②加法 ➡ 多項式のすべての項を加える。

$$ax+by+cx+dy=(a+c)x+(b+d)y$$

③減法 ➡ ひくほうの多項式の各項の符号を変えて加える。

$$(ax-by)-(cx-dy)=ax-by-cx+dy$$

多項式と数の乗法・除法

①乗法 ➡ 分配法則を使って計算する。

$$m(ax+by)=m \times ax+m \times by$$

②除法 ➡ 乗法の形になおして計算する。

$$(ax+by) \div n=(ax+by) \times \frac{1}{n}$$

いろいろな計算

分数の計算では，まず通分し，次に分子のかっこをはずして同類項をまとめる。

例
$$\frac{2x-y}{3}-\frac{x+y}{2}=\frac{2(2x-y)}{6}-\frac{3(x+y)}{6}$$
$$=\frac{2(2x-y)-3(x+y)}{6}$$
$$=\frac{4x-2y-3x-3y}{6}=\frac{x-5y}{6}$$

単項式の乗法・除法

①乗法 ➡ 係数の積に文字の積をかける。

例 $3x \times 2y=(3 \times 2) \times (x \times y)=6xy$

②除法 ➡ 方法❶ 分数の形にして約分する。

$$axy \div bx=\frac{axy}{bx}=\frac{ay}{b}$$

方法❷ わる式の逆数をかけて約分する。

$$axy \div bx=axy \times \frac{1}{bx}=\frac{ay}{b}$$

連立方程式

①加減法 ➡ 両辺を何倍かして，x か y の係数の絶対値をそろえ，左辺どうし，右辺どうしをたしたり，ひいたりして，一方の文字を消去する。

例
$$\begin{cases} 4x+3y=10 \\ 3x+2y=7 \end{cases} \begin{array}{c} \xrightarrow{\times 3} \\ \xrightarrow{\times 4} \end{array} \begin{array}{r} 12x+9y=30 \\ -)\ 12x+8y=28 \\ \hline y=2 \end{array}$$

②代入法 ➡ $y=（x の式）$ または $x=（y の式）$ に変形して，他方の方程式に代入し，一方の文字を消去する。

例
$$\begin{cases} x+3y=3 \\ 3x-2y=-13 \end{cases} \begin{array}{l} \rightarrow\ x=3-3y \\ \rightarrow\ 3(3-3y)-2y=-13 \end{array}$$
$$\rightarrow\ 9-9y-2y=-13\ \rightarrow\ y=2$$

2年

1次関数

1次関数 $y=ax+b$

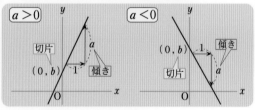

$$（変化の割合）=\frac{（y の増加量）}{（x の増加量）}=a[一定]$$

1次関数 $y=ax+b$ のグラフ

➡ 傾きが a，切片が b の直線。

$a>0$　　　$a<0$

切片
$(0,b)$
1　傾き

$(0,b)$　1　傾き
切片　a

$y=k$，$x=h$ のグラフ

① $y=k$ のグラフは，x 軸に平行な直線。

② $x=h$ のグラフは，y 軸に平行な直線。

例 ①$3y-6=0$ のグラフ

➡ $y=2$

②$4x+12=0$ のグラフ

➡ $x=-3$

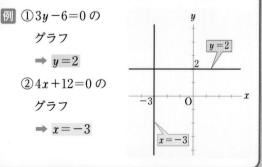

$y=2$

$x=-3$

平行と合同

平行線と角

① 対頂角は等しい。

② 2直線が平行ならば，同位角，錯角は等しい。

③ 同位角か錯角が等しければ，2直線は平行。

対頂角／同位角／錯角

多角形の内角と外角

① 三角形の内角の和は180°

② 三角形の外角は，それととなり合わない2つの内角の和に等しい。

③ n 角形の内角の和は，$180° \times (n-2)$

④ 多角形の外角の和は，360°

三角形の合同条件

① 3組の辺がそれぞれ等しい。

② 2組の辺とその間の角がそれぞれ等しい。

③ 1組の辺とその両端の角がそれぞれ等しい。

三角形

二等辺三角形の性質

① 2つの辺が等しい三角形。（定義）

② 底角は等しい。

③ 頂角の二等分線は，底辺を垂直に2等分する。

頂角／底角／底角／底辺

二等辺三角形になるための条件

2つの角が等しい三角形は，等しい2つの角を底角とする二等辺三角形である。

直角三角形の合同条件

① 斜辺と1つの鋭角がそれぞれ等しい。

② 斜辺と他の1辺がそれぞれ等しい。

四角形

平行四辺形になるための条件

① 2組の対辺がそれぞれ平行である。（定義）

② 2組の対辺がそれぞれ等しい。（性質）

③ 2組の対角がそれぞれ等しい。（性質）

④ 対角線がそれぞれの中点で交わる。（性質）

⑤ 1組の対辺が平行でその長さが等しい。

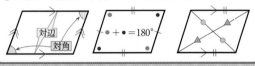

対辺／対角／＋●＝180°

確率

確率の求め方

$$\left(\begin{array}{c}\text{ことがら A の}\\\text{起こる確率}\end{array}\right) = \frac{(\text{A の起こる場合の数})}{(\text{すべての場合の数})}$$

［確率 p の範囲は，$0 \leqq p \leqq 1$］

四分位範囲と箱ひげ図

四分位数，四分位範囲

① 四分位数 ➡ データを小さい順に並べて4等分したときの3つの区切りの値。小さい方から順に，第1四分位数，第2四分位数（中央値），第3四分位数という。

② 四分位範囲 ➡ （第3四分位数）−（第1四分位数）

例 下のような7つのデータがある。

5　6　8　10　11　13　17

第2四分位数はデータの中央値なので，10

また，データを2つに分けて，それぞれの中央値を調べると，第1四分位数は 6，

第3四分位数は 13 と求められる。

四分位範囲は，13−6＝7

箱ひげ図

データの第1四分位数，第2四分位数，第3四分位数を最小値，最大値とともに表した，下のような図。

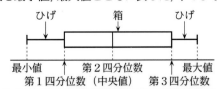

ひげ／箱／ひげ

最小値／第2四分位数／最大値

第1四分位数　（中央値）　第3四分位数

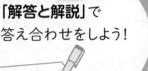

定期テスト対策

得点アップ！ 予想問題

1
この「予想問題」で
実力を確かめよう！

時間も
はかろう

2
「解答と解説」で
答え合わせをしよう！

3
わからなかった問題は
戻って復習しよう！

この本での
学習ページ

スキマ時間でポイントを確認！
別冊「スピードチェック」も使おう

●予想問題の構成

回数	教科書ページ	教科書の内容	この本での学習ページ
第1回	13〜39	1章　式の計算	2〜21
第2回	43〜65	2章　連立方程式	22〜37
第3回	67〜99	3章　1次関数	38〜59
第4回	101〜138	4章　平行と合同	60〜73
第5回	141〜179	5章　三角形と四角形	74〜95
第6回	181〜198	6章　確率	96〜105
第7回	201〜218	7章　データの分析	106〜112
第8回	13〜99	総仕上げテスト①	2〜59
第9回	101〜218	総仕上げテスト②	60〜112

解答 ▶ p.49

第 1 回 予想問題

1章　式の計算

⏱ **40**分

/100

---

1 次の計算をしなさい。 　　　　　　　　　　　　　　2点×10（20点）

(1)　$4a - 7b + 5a - b$

(2)　$y^2 - 5y - 4y^2 + 3y$

(3)　$(9x - y) + (-2x + 5y)$

(4)　$(-2a + 7b) - (5a + 9b)$

(5)
$$\begin{array}{r} 7a - 6b \\ +)\ -7a + 4b \\ \hline \end{array}$$

(6)
$$\begin{array}{r} 34x +\ 4y + 9 \\ -)\ 18x - 12y - 9 \\ \hline \end{array}$$

(7)　$0.7a + 3b - (-0.6a + 3b)$

(8)　$6(8x - 7y) - 4(5x - 3y)$

(9)　$\dfrac{1}{5}(4x + y) + \dfrac{1}{3}(2x - y)$

(10)　$\dfrac{9x - 5y}{2} - \dfrac{4x - 7y}{3}$

(1)		(2)		(3)		(4)	
(5)		(6)		(7)		(8)	
(9)		(10)					

---

2 次の計算をしなさい。 　　　　　　　　　　　　　　3点×8（24点）

(1)　$(-4x) \times (-8y)$

(2)　$(-3a)^2 \times (-5b)$

(3)　$-15a^2 b \div 3b$

(4)　$-49a^2 \div \left(-\dfrac{7}{2}a\right)$

(5)　$-\dfrac{3}{14}mn \div \left(-\dfrac{6}{7}m\right)$

(6)　$2xy^2 \div xy \times 5x$

(7)　$-6x^2 y \div (-3x) \div 5y$

(8)　$-\dfrac{7}{8}a^2 \div \dfrac{9}{4}b \times (-3ab)$

(1)		(2)		(3)		(4)	
(5)		(6)		(7)		(8)	

$\boxed{3}$ $x=-\dfrac{1}{5}$, $y=\dfrac{1}{3}$ のとき，次の式の値(あたい)を求めなさい。　　　4点×2(8点)

(1) $4(3x+y)-2(x+5y)$ 　　　　(2) $10x^2y \div 5xy \times (-15y)$

(1)		(2)	

$\boxed{4}$ 次の式を，〔　〕の中の文字について解きなさい。　　　3点×8(24点)

(1) $-2a+3b=4$ 　〔a〕 　　　　(2) $-35x+7y=19$ 　〔y〕

(3) $3a=2b+6$ 　〔b〕 　　　　(4) $c=\dfrac{2a+b}{5}$ 　〔b〕

(5) $\ell=2(a+3b)$ 　〔a〕 　　　　(6) $V=abc$ 　〔c〕

(7) $S=\dfrac{(a+b)h}{2}$ 　〔a〕 　　　　(8) $c=\dfrac{1}{2}(a+5b)$ 　〔a〕

(1)		(2)		(3)		(4)	
(5)		(6)		(7)		(8)	

$\boxed{5}$ 2つのクラス A，B があり，A クラスの人数は 39 人，B クラスの人数は 40 人です。この 2 つのクラスで数学のテストを行いました。その結果，A クラスの平均点はa点，B クラスの平均点はb点でした。2 つのクラス全体の平均点をa，bを用いて表しなさい。　　　(10点)

$\boxed{6}$ 連続する 4 つの整数の和から 2 をひいた数は 4 の倍数になります。この理由を，連続する 4 つの整数のうちで，最も小さい整数をnとして説明しなさい。　　　(14点)

第2回 予想問題

2章　連立方程式

40分 ／100

解答 ▶ p.50

1 $x=6$, $y=\boxed{}$ が, 2元1次方程式 $4x-5y=11$ の解であるとき, $\boxed{}$ にあてはまる数を求めなさい。 （5点）

---

2 次の連立方程式を解きなさい。 5点×8（40点）

(1) $\begin{cases} 2x+y=4 \\ x-y=-1 \end{cases}$

(2) $\begin{cases} y=-2x+2 \\ x-3y=-13 \end{cases}$

(3) $\begin{cases} 5x-2y=-11 \\ 3x+5y=12 \end{cases}$

(4) $\begin{cases} 3x+5y=1 \\ 5y=6x-17 \end{cases}$

(5) $\begin{cases} x+\dfrac{5}{2}y=2 \\ 3x+4y=-1 \end{cases}$

(6) $\begin{cases} 0.3x-0.4y=-0.2 \\ x=5y+3 \end{cases}$

(7) $\begin{cases} 0.3x-0.2y=-0.5 \\ \dfrac{3}{5}x+\dfrac{1}{2}y=8 \end{cases}$

(8) $\begin{cases} 3(2x-y)=5x+y-5 \\ 3(x-2y)+x=0 \end{cases}$

(1)		(2)	
(3)		(4)	
(5)		(6)	
(7)		(8)	

3 方程式 $5x-2y=10x+y-1=16$ を解きなさい。 （5点）

---

4 連立方程式 $\begin{cases} ax-by=10 \\ bx+ay=-5 \end{cases}$ の解が $x=3$, $y=-4$ であるとき, a, b の値を求めなさい。 （10点）

5　1本130円のコーヒーと1本150円のジュースを合わせて10本買って，1420円払いました。コーヒーとジュースをそれぞれ何本買いましたか。　(10点)

6　2桁(けた)の正の整数があります。その整数は，各位の数の和の7倍より6小さく，また，十の位の数と一の位の数を入れかえてできる整数は，もとの整数より18小さいです。もとの整数を求めなさい。　(10点)

7　ある学校の新入生の人数は，昨年度は男女合わせて150人でしたが，今年度は昨年度と比べて男子が10％増え，女子が5％減ったので，合計では3人増えました。今年度の男子，女子の新入生の人数をそれぞれ求めなさい。　(10点)

8　ある人がA地点とB地点の間を往復しました。A地点とB地点の間に峠(とうげ)があり，上りは時速3km，下りは時速5kmで歩いたので，行きは1時間16分，帰りは1時間24分かかりました。A地点からB地点までの道のりを求めなさい。　(10点)

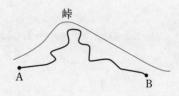

第**3**回 予想問題　**3章　1次関数**

1 次のそれぞれについて，y を x の式で表しなさい。また，y が x の1次関数であるものをすべて選び，番号で答えなさい。　3点×4（12点）

(1) 面積が $10\ \text{cm}^2$ の三角形の底辺が $x\ \text{cm}$ のとき，高さは $y\ \text{cm}$ である。

(2) 地上10 km までは，高度が1 km 増すごとに気温は6℃下がる。地上の気温が10℃のとき，地上からの高さが $x\ \text{km}$ の地点の気温が y℃である。

(3) 火をつけると1分間に0.5 cm 短くなるろうそくがある。長さ12 cm のこのろうそくに火をつけると，x 分後の長さは $y\ \text{cm}$ である。

(1)		(2)		(3)	
y が x の1次関数であるもの					

2 次の問いに答えなさい。　3点×6（18点）

(1) 1次関数 $y=\dfrac{5}{6}x+4$ で，x の値が3から7まで増加するときの変化の割合を求めなさい。

(2) 変化の割合が $\dfrac{2}{5}$ で，$x=10$ のとき $y=6$ である直線の式を求めなさい。

(3) $x=-2$ のとき $y=5$，$x=4$ のとき $y=-1$ である1次関数の式を求めなさい。

(4) 点$(2,\ -1)$を通り，直線 $y=4x-1$ に平行な直線の式を求めなさい。

(5) 2点$(0,\ 4)$，$(2,\ 0)$を通る直線の式を求めなさい。

(6) 2直線 $x+y=-1$，$3x+2y=1$ の交点の座標を求めなさい。

(1)		(2)		(3)	
(4)		(5)		(6)	

3 右の図の直線(1)〜(5)の式を求めなさい。　4点×5(20点)

(1)	
(2)	
(3)	
(4)	
(5)	

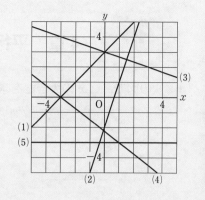

4 次の方程式のグラフをかきなさい。　4点×5(20点)

(1)　$y=4x-1$　　(2)　$y=-\dfrac{2}{3}x+1$

(3)　$3y+x=4$　　(4)　$5y-10=0$

(5)　$4x+12=0$

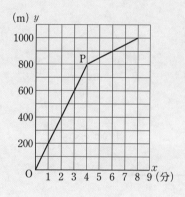

5 Aさんは家から駅まで行くのに，家を出発して途中の
P地点までは走り，P地点から駅までは歩きました。右
のグラフは，家を出発してx分後の進んだ道のりをy m
として，xとyの関係を表したものです。　6点×3(18点)

(1)　Aさんの走る速さと歩く速さを求めなさい。

(2)　Aさんが出発してから3分後に，兄が分速300 mの
速さで自転車に乗って追いかけました。兄がAさんに
追いつく地点を，グラフを用いて求めなさい。

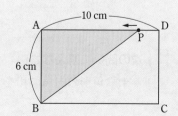

(1)	走る速さ		歩く速さ		(2)	

6 縦が6 cm，横が10 cmの長方形ABCDで，点Pは
Dを出発して辺DA上を秒速2 cmでAまで動きます。
PがDを出発してからx秒後の$\triangle$ABPの面積をy cm²
とします。　(1)7点　(2)5点　(12点)

(1)　yをxの式で表しなさい。

(2)　$0\leqq x\leqq 5$ のとき，yの変域を答えなさい。

(1)		(2)	

4章　平行と合同

40 分

/100

1 次の図で，∠x の大きさを求めなさい。

3点×4（12点）

(1)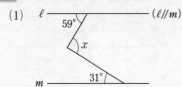

(2)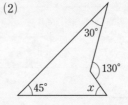

(3)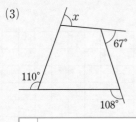

(4)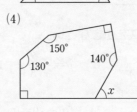

(1)		(2)		(3)		(4)	

2 下の図で，合同な三角形の組を見つけ，記号 ≡ を使って表しなさい。また，その根拠となる三角形の合同条件をいいなさい。

4点×6（24点）

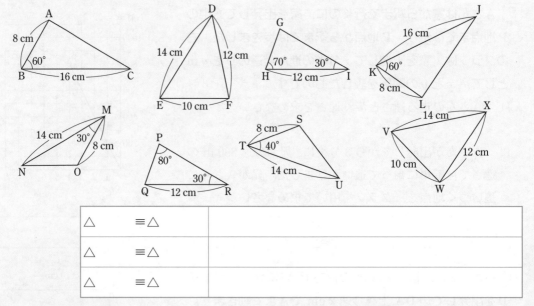

△　　≡△	
△　　≡△	
△　　≡△	

3 次の問いに答えなさい。

4点×4（16点）

(1) 十六角形の内角の和を求めなさい。

(2) 内角の和が 1620° である多角形は何角形ですか。

(3) 七角形の外角の和を求めなさい。

(4) 1つの外角が 18° である正多角形は正何角形ですか。

(1)		(2)		(3)		(4)	

4 右の図で，AC＝DB，∠ACB＝∠DBC とすると，AB＝DC です。　4点×7（28点）

(1) 仮定と結論を答えなさい。

(2) (1)の証明の筋道を，下の図のようにまとめました。図を完成させなさい。

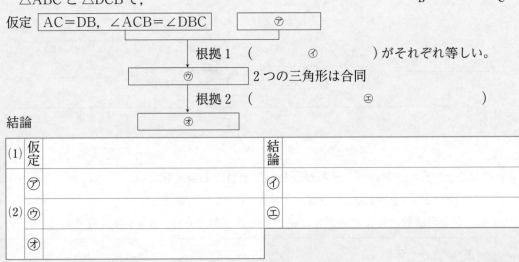

△ABC と △DCB で，

仮定　AC＝DB，∠ACB＝∠DBC　　　　　　⑦

　　　　　↓

根拠1　（　　　　　　⑦　　　　　　）がそれぞれ等しい。

　　　　⑨　　　　　　　2つの三角形は合同

根拠2　（　　　　　　　⑨　　　　　　　）

結論　　　　⑨

(1)	仮定		結論	
(2)	⑦		⑦	
	⑨		⑨	
	⑨			

5 右の図の四角形 ABCD で，∠ABD＝∠CBD，∠ADB＝∠CDB であるとき，合同な三角形の組を，記号 ≡ を使って表しなさい。また，その根拠となる三角形の合同条件をいいなさい。　5点×2（10点）

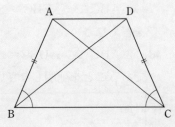

三角形の組	
合同条件	

6 右の図の四角形 ABCD で，AB＝DC，∠ABC＝∠DCB です。このとき，この四角形の対角線である AC と DB の長さが等しいことを証明しなさい。　（10点）

解答▶p.53

第5回 予想問題　5章　三角形と四角形

40分　/100

1 下の図(1)～(3)の三角形は，同じ印をつけた辺の長さが等しくなっています。また，(4)はテープを折った図です。∠a，∠b，∠c，∠d の大きさを求めなさい。

3点×4（12点）

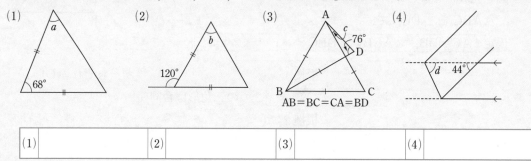

(1)
a
68°

(2)
b
120°

(3)
A
c
76°
D
B
C
AB＝BC＝CA＝BD

(4)
d　44°

(1)		(2)		(3)		(4)	

2 次のことがらの逆を述べ，それが正しいかどうかも答えなさい。

3点×4（12点）

(1)　△ABC で，∠A＝120° ならば，∠B＋∠C＝60° である。

(2)　a，b を自然数とするとき，a が奇数，b が偶数ならば，a＋b は奇数である。

(1)	逆	
	正しいか	
(2)	逆	
	正しいか	

3 右の図の △ABC で，頂点 B，C から辺 AC，AB にそれぞれ垂線 BD，CE をひきます。

7点×3（21点）

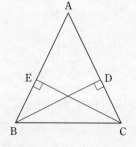

A
E　D
B　C

(1)　△ABC で，AB＝AC のとき，△EBC≡△DCB となります。そのときに根拠として使った合同条件を答えなさい。

(2)　△ABC で，△EBC≡△DCB のとき，AE と長さの等しい線分を答えなさい。

(3)　△ABC で，∠DBC＝∠ECB とします。このとき，DC＝EB であることを証明しなさい。

(1)	
(2)	
(3)	

4 次の(1)～(9)のうち，四角形 **ABCD** が平行四辺形になるものをすべて選び，番号で答えなさい。ただし，点**O**は対角線 **AC** と **BD** の交点とします。　　(16点)

(1)　AD＝BC，AD∥BC　　　　　　　(2)　AD＝BC，AB∥DC

(3)　AC＝BD，AC⊥BD　　　　　　　(4)　∠A＝∠C，∠B＝∠D

(5)　∠A＝∠B，∠C＝∠D　　　　　　(6)　AB＝AD，BC＝DC

(7)　∠A＋∠B＝∠C＋∠D＝180°　　(8)　∠A＋∠B＝∠B＋∠C＝180°

(9)　AO＝CO，BO＝DO

5 右の図で，四角形 ABCD は平行四辺形で，EF∥AC とします。このとき，図の中で△AED と面積が等しい三角形を，すべて見つけなさい。　　(12点)

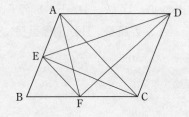

6 次の問いに答えなさい。　　6点×2(12点)

(1)　▱ABCD に，∠A＝∠D という条件を加えると，四角形 ABCD は，どんな四角形になりますか。

(2)　長方形 EFGH の対角線 EG，HF に，どんな条件を加えると，正方形 EFGH になりますか。

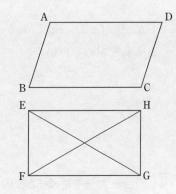

(1)		(2)	

7 ▱ABCD の辺 AB の中点をMとします。DM の延長と辺 CB の延長との交点をEとすると，BC＝BE が成り立つことを証明しなさい。　　(15点)

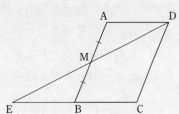

第**6**回
予想問題

6章　確　率

40分

/100

1　1つのさいころを投げるとき，3の倍数の目が出る確率は $\frac{1}{3}$ です。この確率の意味を正しく述べているのは，次の㋐〜㋒のうち，どれですか。　　　　　　　　　　　（5点）

㋐　2回続けて3の倍数でない目が出たら，その次はかならず3の倍数の目が出る。

㋑　6000回投げるとき，2000回ぐらい3の倍数の目が出る。

㋒　3回投げたら，そのうちの1回だけ3の倍数の目が出る。

2　A，B，C，D，E，Fの6人の中から，くじ引きで委員長1人，副委員長1人を選ぶとき，Aが委員長，Bが副委員長に選ばれる確率を求めなさい。　　　　　　　　　　　（5点）

3　A，B，C，D，E，Fの6人の中から，くじ引きで2人の委員を選ぶとき，AとBが選ばれる確率を求めなさい。　　　　　　　　　　　（5点）

4　ジョーカーを除く52枚のトランプの中から1枚を引くとき，次の確率を求めなさい。

(1)　ハートのカードを引く確率　　　　　　　　　　　4点×4（16点）

(2)　絵のかいてあるカード（11〜13）を引く確率

(3)　6の約数のカードを引く確率

(4)　ジョーカーを引く確率

(1)		(2)		(3)		(4)	

5　1枚の硬貨を3回投げるとき，表が1回で裏が2回出る確率を求めなさい。　　　　　（6点）

6 袋の中に，赤玉2個，白玉が2個，黒玉が1個入っています。この袋の中から1個の玉を取り出し，その玉をもとに戻してから，また1個の玉を取り出します。このとき，次の確率を求めなさい。 5点×3(15点)

(1) 2個とも白玉が出る確率

(2) はじめに赤玉が出て，次に黒玉が出る確率

(3) 少なくとも1個は赤玉が出る確率

(1)	(2)	(3)

7 2個のさいころ A，B を同時に投げるとき，次の確率を求めなさい。 6点×4(24点)

(1) 出る目の数の和が9以上になる確率

(2) Aの目がBの目より1大きくなる確率

(3) 出る目の数の和が3の倍数になる確率

(4) 出る目の数の積が奇数にならない確率

(1)	(2)	(3)	(4)

8 7本のうち，当たりが3本入っているくじがあります。このくじを，A，Bがこの順に1本ずつ引くとき，次の確率を求めなさい。ただし，引いたくじはもとに戻さないものとします。 6点×2(12点)

(1) Bが当たる確率

(2) A，Bともにはずれる確率

(1)	(2)

9 1，3，5，7のカードが1枚ずつあります。この4枚のカードをよくきって，1枚ずつ2回続けて取り出します。先に取り出したカードの数を十の位，あとに取り出したカードの数を一の位として2けたの整数をつくります。 6点×2(12点)

(1) できた2けたの整数が3の倍数である確率を求めなさい。

(2) できた2けたの整数が35より小さくなる確率を求めなさい。

(1)	(2)

解答▶p.55

第7回 予想問題

7章　データの分析

20分 /100

1 下のデータは，あるスーパーマーケットで，メロンとすいかの10日間に売れた個数を1
日ごとに集計して，値の小さい順に並べたものです。

8点×9（72点）

	売れた個数（個）								
メロン	10	10	12	13	13	15	15	15	20	23
すいか	5	5	6	6	10	14	16	19	23	25

(1) メロン，すいかの四分位数，四分位範囲をそれぞれ求め，次の表に書き入れなさい。

	第1四分位数	第2四分位数	第3四分位数	四分位範囲
メロン				
すいか				

(2) メロンとすいかの売れた個数について，箱ひげ図をそれぞれかきなさい。

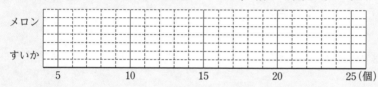

2 たかしさんは，A県とB県について，15年間で，それぞれの年に雨の降った日数が何日か
を調べました。下の図は，その15年間のデータを箱ひげ図に表したものです。

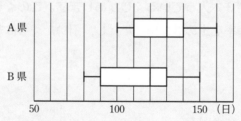

この箱ひげ図から読みとれることとして，次の(1)〜(4)は正しいといえますか。「正しい。」
「正しくない。」「このデータからはわからない。」のどれかで答えなさい。

7点×4（28点）

(1) A県では，雨の降った日が150日以上の年はない。

(2) B県の記録の平均値は120日である。

(3) 範囲も四分位範囲も，A県よりB県の方が大きい。

(4) A県もB県も，50％以上の年で，130日以上雨が降った。

(1)		(2)	
(3)		(4)	

第 **8** 回
予想問題

総仕上げテスト①

解答 p.55

20分

/100

1 次の(1)〜(4)の計算をしなさい。また，(5)，(6)の連立方程式を解きなさい。　8点×6(48点)

(1) $(10x-15y)\div\dfrac{5}{6}$

(2) $3(2x-4y)-2(5x-y)$

(3) $(-7b)\times(-2b)^2$

(4) $\dfrac{3x-y}{2}-\dfrac{x-6y}{5}$

(5) $\begin{cases} 3x+4y=14 \\ -3x+y=11 \end{cases}$

(6) $\begin{cases} 0.3x+0.2y=1.1 \\ 0.04x-0.02y=0.1 \end{cases}$

(1)		(2)		(3)	
(4)		(5)		(6)	

2 次の問いに答えなさい。　8点×3(24点)

(1) $a=-\dfrac{1}{3}$，$b=\dfrac{1}{5}$ のとき，式 $9a^2b\div6ab\times10b$ の値を求めなさい。

(2) 2点 $(-5,\ -1)$，$(-2,\ 8)$ を通る直線の式を求めなさい。

(3) 直線 $y=\dfrac{3}{2}x+5$ に平行で，x軸との交点が $(2,\ 0)$ である直線の式を求めなさい。

(1)		(2)		(3)	

3 次の方程式のグラフを，右の図にかきなさい。

7点×4(28点)

(1) $3x-2y=-6$

(2) $4x+3y=12$

(3) $4y+12=0$

(4) $4x+5y+20=0$

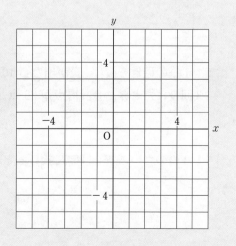

解答▶p.56

第9回 予想問題

総仕上げテスト②

20分

/100

1 下の図で，∠x の大きさを求めなさい。

10点×3（30点）

(1)　ℓ∥m

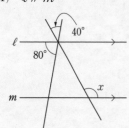

(2)

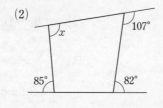

(3)

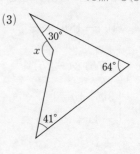

(1)		(2)		(3)	

2 右の図で，AE＝DE，BE＝CE ならば AB∥CD
となることを次のように証明しました。□にあて
はまるものを入れなさい。　5点×6（30点）

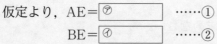

〔証明〕　△AEB と △DEC で，

　　仮定より，AE＝⑦□　　……①

　　　　　　　BE＝⑦□　　……②

　　⑦□ は等しいから，∠AEB＝∠DEC　……③

　　①，②，③から，⑪□ が，それぞれ等しいので，

　　　　　△AEB≡△DEC

　　合同な三角形では，⑦□ は等しいので，

　　　　　∠EAB＝∠EDC

　　⑪□ が等しいので，AB∥CD

⑦		⑦	
⑦		⑪	
⑦		⑪	

3 1枚の硬貨を投げ，表が出たら10点，裏が出たら5点の得点とします。この硬貨を続けて
3回投げたとき，合計得点が20点となる確率を求めなさい。

（20点）

4 2つのさいころを同時に投げるとき，出る目の数の和が10以下になる確率を求めなさい。

（20点）

教科書ワーク 数学 特別ふろく①

どこでもワーク

こちらにアクセスして，ご利用ください。
https://portal.bunri.jp/app.html

1 計算編 — テンキー入力形式で学習できる！ 重要公式つき！

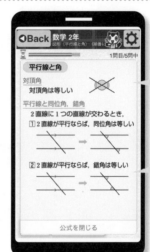

解き方を穴埋め形式で確認！

テンキー入力で，計算しながら解ける！

重要公式をその場で確認できる！

カラーだから見やすく，わかりやすい！

2 図形編 — グラフや図形を自分で動かして，学習理解をサポート！

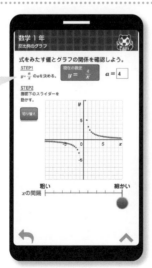

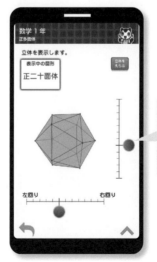

自分で数値を決められるから，いろいろなグラフの確認ができる！

上下左右に回転させて，様々な角度から立体をみることができる！

注意 ● アプリは無料ですが，別途各通信会社からの通信料がかかります。
● iPhone の方は Apple ID，Android の方は Google アカウントが必要です。対応 OS や対応機種については，各ストアでご確認ください。
● お客様のネット環境および携帯端末により，アプリをご利用いただけない場合，当社は責任を負いかねます。ご理解，ご了承いただきますよう，お願いいたします。
● 正誤判定は，計算編のみの機能となります。
● テンキーの使い方は，アプリでご確認ください。

中学教科書ワーク

解答と解説

この「解答と解説」は，**取りはずして** 使えます。

教育出版版
数学2年

※ステージ1の例の答えは本冊右ページ下にあります。

1章 式の計算

p.2〜3 ステージ1

❶ 単項式 … ⑦, ㋓

多項式 … ⑦, ㋒, ㋔, ㋕

❷ (1) $3x$, -7 (2) $8a$, $-3b$, 1

(3) $2x^2$, x, $-\dfrac{1}{2}$

(4) $5x^2y$, $-x^2$, $-y^2$

(5) x, $-\dfrac{1}{2}xy^2$, $-\dfrac{1}{3}$

(6) $-\dfrac{1}{3}a^2$, $-\dfrac{1}{2}ab$, $-\dfrac{1}{4}b^2$

❸ (1) 1 (2) 2 (3) 3

(4) 2 (5) 3 (6) 3

❹ (1) 2次式 (2) 1次式 (3) 2次式

(4) 2次式 (5) 2次式 (6) 1次式

解説

❶ ⑦は a, b と文字が2個あるが，積の形だけでつくられているので，単項式。$-8ab$ が1つの項。

❷ ミス注意 項をいうときは，符号をふくめることに注意する。＋（プラス）は省略するのが一般的だが，－（マイナス）は忘れないようにすること。

❸ ×を使った形に直して，文字の数を調べる。

(1) ⓨ
　└ 文字が1個→次数1

(3) $4ab^2 = 4 \times ⓐ \times ⓑ \times ⓑ$
　　　　└───┴──┴──┘
　　　　文字が3個→次数3

❹ (3) $\underset{②}{9a^2} \underset{①}{-2b} +7$

(4) $\underset{①}{2x} \underset{②}{+6xy} -3$

(5) $4 \underset{②}{-a^2}$

(6) $\underset{①}{a} \underset{①}{+b} \underset{①}{+c} +3$

p.4〜5 ステージ1

❶ (1) $3a-2b$ (2) $4x+7y$

(3) $2x+6y$ (4) $-5a+8b$

(5) $11a^2-10a$ (6) $7x^2-3x$

❷ (1) $3a+b$ (2) $9x+2y$

(3) $-a^2-5a-2$ (4) $13x+12y$

(5) x^2+2x+2

❸ (1) $7x-8y$ (2) $-a+9b$

(3) $-2a+7b-7$ (4) $3a+12b$

(5) x^2+6x-8

❹ $(2x-3y+5)+(x+4y-6)$
$=3x+y-1$

$(2x-3y+5)-(x+4y-6)$
$=x-7y+11$

解説

❶ (1) $5a+6b-2a-8b$
$=5a-2a+6b-8b$ ← 項を並べかえる
$=(5-2)a+(6-8)b$ ← 同類項をまとめる
$=3a-2b$

(5) $8a^2-7a+3a^2-3a$
$=8a^2+3a^2-7a-3a$
$=(8+3)a^2+(-7-3)a$
$=11a^2-10a$

(6) $-x^2+3x+8x^2-6x$
$=-x^2+8x^2+3x-6x$
$=(-1+8)x^2+(3-6)x$
$=7x^2-3x$

❷ (1) $(8a-2b)+(-5a+3b)$
$=8a-2b-5a+3b$ ← かっこをはずす
$=8a-5a-2b+3b$ ← 項を並べかえる
$=(8-5)a+(-2+3)b$ ← 同類項をまとめる
$=3a+b$

(3) $(4a^2-3a-5)+(3-5a^2-2a)$
$=4a^2-3a-5+3-5a^2-2a$

$=4a^2-5a^2-3a-2a-5+3$

$=-a^2-5a-2$

(5)
$$
\begin{array}{r}
\boxed{3x^2}\,\boxed{-4x}\,\boxed{-3}\\
+)\;\boxed{-2x^2}\,\boxed{+6x}\,\boxed{+5}\\
\hline
\boxed{x^2}\,\boxed{+2x}\,\boxed{+2}\to -3+5=\underline{2}
\end{array}
$$
$3x^2-2x^2=\underline{x^2}$　$-4x+6x=\underline{2x}$

❸ (1) $(3x-2y)-(-4x+6y)$ 　}かっこをはずす

$=3x-2y+4x-6y$ 　}項を並べかえる

$=3x+4x-2y-6y$ 　}同類項をまとめる

$=7x-8y$

(3) $(2a+3b-5)-(-4b+2+4a)$

$=2a+3b-5+4b-2-4a$

$=2a-4a+3b+4b-5-2$

$=-2a+7b-7$

(5)
$$
\begin{array}{r}
\boxed{2x^2}\,\boxed{+3x}\,\boxed{-5}\\
-)\;\boxed{x^2}\,\boxed{-3x}\,\boxed{+3}\\
\hline
\boxed{x^2}\,\boxed{+6x}\,\boxed{-8}\to -5-3=\underline{-8}
\end{array}
$$
$2x^2-x^2=\underline{x^2}$　$3x-(-3x)=\underline{6x}$

---

p.6〜7 　ステージ**1**

❶ (1) $8x+12y$ 　　(2) $12x-6y$

　(3) $-3a+15b$ 　(4) $-2x+8y$

　(5) $2a-4b$ 　　(6) $2x+y$

❷ (1) $-4x+3y$ 　(2) $3a-4b$

　(3) $2a-5b$ 　　(4) $4x+7y$

　(5) $6x-3y-9$ 　(6) $2a-4b-3$

❸ (1) $7x-10y$ 　(2) $37x+2y$

　(3) $6a+4b+6$ 　(4) $-25x+13y+16$

❹ (1) $10x+9y$ 　(2) $-19x+12y$

--- 解 説 ---

❶ (3) $-3(a-5b)$

$=-3\times a+(-3)\times(-5b)$

$=-3a+15b$

(4) $(x-4y)\times(-2)$

$=x\times(-2)+(-4y)\times(-2)$

$=-2x+8y$

(5) $\left(\dfrac{a}{4}-\dfrac{b}{2}\right)\times 8$

$=\dfrac{a}{4}\times 8+\left(-\dfrac{b}{2}\right)\times 8$

$=2a+(-4b)=2a-4b$

❷ (5) $(18x-9y-27)\div 3$

$=\dfrac{18x}{3}-\dfrac{9y}{3}-\dfrac{27}{3}$

$=6x-3y-9$

(6) $(-12a+24b+18)\div(-6)$

$=\dfrac{-12a}{-6}+\dfrac{24b}{-6}+\dfrac{18}{-6}$

$=2a-4b-3$

❸ (1) $3(x+2y)+4(x-4y)$

$=3x+6y+4x-16y$

$=7x-10y$

(2) $7(3x+2y)-4(-4x+3y)$

$=21x+14y+16x-12y$

$=37x+2y$

❹ (2) $5(-3x+2y)-2(2x-y)$

$=-15x+10y-4x+2y$

$=-19x+12y$

わる数を逆数
にしてかけて
もいいね。

---

p.8〜9 　ステージ**1**

❶ (1) $\dfrac{13x-12y}{6}$ 　$\left(\dfrac{13}{6}x-2y\right)$

　(2) $\dfrac{5x+7y}{6}$ 　$\left(\dfrac{5}{6}x+\dfrac{7}{6}y\right)$

　(3) $\dfrac{7}{8}b$

　(4) $\dfrac{x-19y}{15}$ 　$\left(\dfrac{1}{15}x-\dfrac{19}{15}y\right)$

　(5) $\dfrac{8x-2y}{5}$ 　$\left(\dfrac{8}{5}x-\dfrac{2}{5}y\right)$

　(6) $\dfrac{5x+y}{2}$ 　$\left(\dfrac{5}{2}x+\dfrac{1}{2}y\right)$

❷ (1) $9xy$ 　　(2) $-28ab$

　(3) $18xy$ 　　(4) $-4ab$

　(5) $-8abc$ 　(6) $-3xy$

❸ (1) $-8a^2$ 　　(2) $-15x^3$

　(3) $27a^3$ 　　(4) $48x^3$

　(5) $6ab^2$ 　　(6) $-\dfrac{1}{3}x^2y^2$

--- 解 説 ---

❶ (1) $\dfrac{2x-3y}{3}+\dfrac{3x-2y}{2}$ 　}通分する

$=\dfrac{2(2x-3y)}{6}+\dfrac{3(3x-2y)}{6}$ 　}1つの分数にまとめる

$=\dfrac{2(2x-3y)+3(3x-2y)}{6}$ 　}分子のかっこをはずす

$=\dfrac{4x-6y+9x-6y}{6}$ 　}同類項をまとめる

$=\dfrac{13x-12y}{6}$ 　$\left(=\dfrac{13}{6}x-2y\right)$

(6) $3x-y-\dfrac{x-3y}{2}$

$=\dfrac{2(3x-y)-(x-3y)}{2}$

$=\dfrac{6x-2y-x+3y}{2}$

$=\dfrac{5x+y}{2}\ \left(=\dfrac{5}{2}x+\dfrac{1}{2}y\right)$

❷ (5) $2ab\times(-4c)$

$=2\times a\times b\times(-4)\times c$

$=2\times(-4)\times a\times b\times c$

$=-8abc$

(6) $\dfrac{x}{6}\times(-18y)=\dfrac{1}{6}\times x\times(-18)\times y$

$=\dfrac{1}{6}\times(-18)\times x\times y$

$=-3xy$

❸ (2) $3x^2\times(-5x)=3\times x\times x\times(-5)\times x$

$=3\times(-5)\times x\times x\times x$

$=-15x^3$

(3) $3a\times(-3a)^2$

$=3a\times9a^2$

$=27a^3$

> 累乗の計算を先にする
>
> $(-3a)^2=(-3a)\times(-3a)$

(4) $-(4x)^2\times(-3x)$

$=-16x^2\times(-3x)$

$=48x^3$

> $-(4x)^2=-(4x\times4x)$

(5) $\dfrac{6}{25}a\times(-5b)^2=\dfrac{6}{25}a\times25b^2$

$=6ab^2$

(6) $-\dfrac{1}{24}xy\times8xy=-\dfrac{1}{24}\times8\times x\times y\times x\times y$

$=-\dfrac{1}{3}x^2y^2$

---

p.10～11 ◢◤◢ **ステージ1**

❶ (1) $2a$　　(2) $-2y$

(3) $-6a^2$　　(4) $-\dfrac{3}{4}$

(5) $-4y$　　(6) $36a$

(7) $\dfrac{9}{2}y$　　(8) $-5b^2$

(9) $-\dfrac{3}{2}x$　　(10) $\dfrac{9}{64}$

❷ (1) $-10a$　　(2) $-5x^2$

(3) $2a^2b$　　(4) $-2x$

❸ (1) ① 39　　② 24

(2) ① 46　　② 4

◀━━━━━━ 解説 ━━━━━━▶

❶ (8) $(-3ab^2)\div\dfrac{3}{5}a$

$=(-3ab^2)\times\dfrac{5}{3a}$

$=-\dfrac{\overset{1}{3}\times\overset{1}{a}\times b\times b\times5}{\underset{1}{3}\times\underset{1}{a}}$

$=-5b^2$

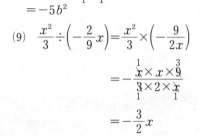

文字も約分できるよ。

(9) $\dfrac{x^2}{3}\div\left(-\dfrac{2}{9}x\right)=\dfrac{x^2}{3}\times\left(-\dfrac{9}{2x}\right)$

$=-\dfrac{\overset{1}{x}\times x\times\overset{3}{9}}{\underset{1}{3}\times2\times\underset{1}{x}}$

$=-\dfrac{3}{2}x$

(10) $\dfrac{3}{8}a^2\div\dfrac{8}{3}a^2=\dfrac{3a^2}{8}\times\dfrac{3}{8a^2}$

$=\dfrac{3\times\overset{1}{a}\times\overset{1}{a}\times3}{8\times8\times\underset{1}{a}\times\underset{1}{a}}$

$=\dfrac{9}{64}$

❷ (1) $18a^2\div(-9ab)\times5b=-\dfrac{18a^2\times5b}{9ab}$

$=-10a$

(3) $5a^2\div10ab\times4ab^2=\dfrac{5a^2\times4ab^2}{10ab}$

$=2a^2b$

(4) $24x^2y\div4x\div(-3y)=-\dfrac{24x^2y}{4x\times3y}$

$=-2x$

❸ 式を簡単にしてから，x，y の値を代入する。

(1) ① $3(x-2y)+2(x-3y)$

$=3x-6y+2x-6y$

$=5x-12y$

$=5\times3-12\times(-2)$

$=39$

> $x=3$，$y=-2$ を代入する

② $10xy^2\div5x^2\times3x$

$=\dfrac{10xy^2\times3x}{5x^2}$

$=6y^2$

$=6\times(-2)^2$

$=24$

> $y=-2$ を代入する

(2) ① $2(a-4b)-4(4a+3b)$

$=2a-8b-16a-12b$

$=-14a-20b$

$$= -14 \times (-4) - 20 \times \frac{1}{2}$$
$$= 56 - 10$$
$$= 46$$

② $12ab^2 \div (-6ab) \times a$

$$= -\frac{12ab^2 \times a}{6ab}$$
$$= -2ab$$
$$= -2 \times (-4) \times \frac{1}{2}$$
$$= 4$$

p.12~13 ■ステージ2

❶ (1)　1次式　　(2)　2次式　　(3)　2次式

❷ (1)　$-7a + 8b + 3c$　　(2)　$-5x^2 - 9x + 4$
　 (3)　$a^2 - ab$　　　　(4)　$-x^2 - x$

❸ (1)　$x^2 - 7x - 4$　　(2)　$4a^2 - 3a + 2$
　 (3)　$5.5x^2 - 2.4x - 1.4$
　 (4)　$\dfrac{7}{6}x - \dfrac{5}{12}y \left(\dfrac{14x - 5y}{12}\right)$
　 (5)　$-2a^2 + 3a + 1$
　 (6)　$-3x^2 + 3xy + 4y^2$

❹ (1)　$-72a + 63b$　　(2)　$13x - 22y - 77$
　 (3)　$3a - 2b + 5$　　(4)　$5x - 15y$
　 (5)　$-\dfrac{2}{7}x + \dfrac{3}{11}y \left(\dfrac{-22x + 21y}{77}\right)$
　 (6)　$\dfrac{5x + 8y}{12} \left(\dfrac{5}{12}x + \dfrac{2}{3}y\right)$

❺ (1)　$16a^2$　　　　(2)　$24xy$
　 (3)　$-18a^3$　　　(4)　$-\dfrac{2}{9}x^2y$
　 (5)　$-2x$　　　　(6)　$-3y$
　 (7)　$-\dfrac{9}{8}ab$　　　(8)　$-6y$

❻ (1)　-53　　　　(2)　168

● ● ● ● ● ●

① (1)　$a + 8b$
　 (2)　$\dfrac{5x - 13y}{14} \left(\dfrac{5}{14}x - \dfrac{13}{14}y\right)$
　 (3)　$-4x^2$　　　　(4)　$-12x^3y$

② 1

◀ 解説 ◀

① (1)　$2(5a + b) - 3(3a - 2b)$
　　　 $= 10a + 2b - 9a + 6b$
　　　 $= a + 8b$

(2)　$\dfrac{x - y}{2} - \dfrac{x + 3y}{7}$

$$= \frac{7(x - y) - 2(x + 3y)}{14}$$
$$= \frac{7x - 7y - 2x - 6y}{14}$$
$$= \frac{5x - 13y}{14} \left(= \frac{5}{14}x - \frac{13}{14}y\right)$$

(3)　$8x^2y \times (-6xy) \div 12xy^2$

$$= 8x^2y \times (-6xy) \times \frac{1}{12xy^2}$$
$$= -\frac{8x^2y \times 6xy}{12xy^2}$$
$$= -4x^2$$

(4)　$x^3 \times (6xy)^2 \div (-3x^2y)$

$$= x^3 \times 36x^2y^2 \div (-3x^2y)$$
$$= x^3 \times 36x^2y^2 \times \left(-\frac{1}{3x^2y}\right)$$
$$= -\frac{x^3 \times 36x^2y^2}{3x^2y}$$
$$= -12x^3y$$

② $3(x + y) - (2x - y) = 3x + 3y - 2x + y$
　　　　　　　　　　　 $= x + 4y$
　　　　　　　　　　　 $= 5 + 4 \times (-1)$
　　　　　　　　　　　 $= 1$

ポイント

式の値を求めるときは，式を簡単にしてから，x や y などの値を代入する。

p.14~15 ■ステージ1

❶ (1)　m，n を整数とすると，奇数は $2m + 1$，
　　　偶数は $2n$ と表すことができる。
　　　奇数と偶数の和は，
　　　　$(2m + 1) + 2n = 2m + 2n + 1$
　　　　　　　　　　　　 $= 2(m + n) + 1$
　　　$m + n$ は整数なので，$2(m + n) + 1$ は奇数
　　　である。
　　　したがって，奇数と偶数の和は奇数になる。

(2)　m，n を整数とすると，奇数は $2m + 1$，
　　　$2n + 1$ と表すことができる。
　　　奇数から奇数をひいた差は，
　　　　$(2m + 1) - (2n + 1) = 2m + 1 - 2n - 1$
　　　　　　　　　　　　　　　 $= 2m - 2n$
　　　　　　　　　　　　　　　 $= 2(m - n)$
　　　$m - n$ は整数なので，$2(m - n)$ は偶数で

ある。

したがって，奇数から奇数をひいた差は，偶数になる。

(3) m，n を整数とすると，奇数は $2m+1$，偶数は $2n$ と表すことができる。

奇数から偶数をひいた差は，

$$2m+1-2n=2(m-n)+1$$

$m-n$ は整数なので，$2(m-n)+1$ は奇数である。

したがって，奇数から偶数をひいた差は奇数になる。

❷ (1) 2桁の自然数の十の位の数を m，一の位の数を n とすると，

もとの数は $10m+n$

もとの数の2倍は $2(10m+n)$

入れかえた数は $10n+m$

と表すことができる。

もとの数の2倍と入れかえた数の和は，

$$2(10m+n)+10n+m$$
$$=20m+2n+10n+m$$
$$=21m+12n$$
$$=3(7m+4n)$$

$7m+4n$ は整数であるから，$3(7m+4n)$ は3の倍数である。

したがって，2桁の自然数を2倍した数と，もとの数の十の位の数と一の位の数を入れかえた数の和は3の倍数になる。

(2) 2桁の自然数の十の位の数を x，一の位の数を0とする。

2桁の自然数は，

$$10x+0=10x$$
$$=5\times 2x$$

$2x$ は自然数なので，$5\times 2x$ は5の倍数。

したがって，2桁の自然数の一の位が0ならば，5の倍数である。

(3) m を整数とすると，$x+y$ が3の倍数だから，$x+y=3m$ と表すことができる。

2桁の自然数は，

$$10x+y=9x+(x+y)$$
$$=9x+3m$$
$$=3(3x+m)$$

$3x+m$ は整数なので，$3(3x+m)$ は3の倍数である。

したがって，2桁の自然数の十の位を x，一の位を y とするとき，$x+y$ が3の倍数ならば，この2桁の自然数は3の倍数になる。

(4) x を整数として，ある2桁の自然数を $4x$ とおくと，この自然数と等しい十の位と一の位をもつ3桁の自然数は，y を1桁の正の整数として，

$$100y+4x=4(25y+x)$$

$25y+x$ は整数なので，$4(25y+x)$ は4の倍数である。

したがって，ある2桁の自然数が4の倍数のとき，この自然数と等しい十の位と一の位をもつ3桁の自然数は，4の倍数になる。

◖━━━━━━▶ **解説** ◖━━━━━━

❶ (1) 「$m+n$ は整数なので」は必ず書くこと。$m+n$ が整数でなければ，$2(m+n)+1$ は奇数かどうかわからない。

p.16〜17 **ステージ１**

❶ (1) 2つおきに並んだ2つの自然数の小さいほうの数を n とすると，もう1つの数は $n+3$ と表すことができる。その和は，

$$n+(n+3)=n+n+3$$
$$=2n+3$$
$$=2(n+1)+1$$

$n+1$ は整数であるから，$2(n+1)+1$ は奇数である。

したがって，2つおきに並んだ2つの自然数の和はいつも奇数になる。

(2) n を整数とすると，連続する4つの整数は n，$n+1$，$n+2$，$n+3$ と表すことができる。この4つの整数の和は，

$$n+(n+1)+(n+2)+(n+3)$$
$$=4n+6$$
$$=2(2n+3)$$

$2n+3$ は整数であるから，$2(2n+3)$ は偶数である。

したがって，連続する4つの整数の和はいつも偶数になる。

(3) n を整数とすると，連続する2つの奇数は $2n-1$，$2n+1$ と表すことができる。この2つの奇数の和は，

$$(2n-1)+(2n+1)$$
$$=2n-1+2n+1$$
$$=4n$$

n は整数であるから，$4n$ は 4 の倍数である。

したがって，連続する 2 つの奇数の和はいつも 4 の倍数になる。

❷ (1)　$x+y=20 \quad (2x+2y=40)$

(2)　$x=20-y$

(3)　$12\,\text{cm}$ のとき $\cdots 8\,\text{cm}$，
　　$18\,\text{cm}$ のとき $\cdots 2\,\text{cm}$

❸ (1)　$y=-\dfrac{x}{5}+3$

(2)　$x=-\dfrac{4}{3}y+2$

(3)　$a=-2b+3c$　　(4)　$a=\dfrac{2S}{h}$

◀▬▬▬▬▬ 解　説 ▬▬▬▬▬▶

❷ (1)　$40\,\text{cm}$ は周りの長さであることに注意する。
$$2x+2y=40$$
$$x+y=20$$

(3)　(2)の式に $y=12$，$y=18$ をそれぞれ代入したときの x の値を求める。

❸ (1)　$\quad x=15-5y$
$$5y=15-x$$
$$y=-\dfrac{x}{5}+3$$
$$y=\dfrac{-x+15}{5}$$
でもよい。

(2)　$3x+4y=6$
$$3x=6-4y$$
$$x=-\dfrac{4}{3}y+2$$
$$x=\dfrac{-4y+6}{3}$$
でもよい。

(3)　$c=\dfrac{a+2b}{3}$
$$3c=a+2b$$
$$-a=2b-3c$$
$$a=-2b+3c$$

(4)　$S=\dfrac{1}{2}ah$
$$2S=ah$$
$$ah=2S$$
$$a=\dfrac{2S}{h}$$

p.18～19 ▬ **ステージ❷**

❶ (1)　2 桁の自然数の十の位の数を x，一の位の数を y とすると，2 桁の自然数から，その数の十の位の数と一の位の数の和をひいた数は，
$$10x+y-(x+y)=10x+y-x-y$$
$$=9x$$

x は整数だから，$9x$ は 9 の倍数。

したがって，2 桁の自然数から，その数の十の位の数と一の位の数の和をひいた数は 9 の倍数になる。

(2)　2 桁の自然数は，
$$10x+y=9x+(x+y)$$
$$=9x+9$$
$$=9(x+1)$$

$x+1$ は整数であるから，$9(x+1)$ は 9 の倍数である。

したがって，2 桁の自然数の十の位の数と一の位の数の和が 9 ならば，その 2 桁の自然数は 9 の倍数になる。

(3)　3 桁の自然数の百の位の数を a，十の位の数を b，一の位の数を c とすると，
　　もとの数　　　$100a+10b+c$
　　入れかえた数　$100c+10b+a$

と表すことができる。その差は，
$$(100a+10b+c)-(100c+10b+a)$$
$$=100a+10b+c-100c-10b-a$$
$$=99a-99c$$
$$=99(a-c)$$

$a-c$ は整数であるから，$99(a-c)$ は 99 の倍数である。

したがって，3 桁の自然数とその一の位の数と百の位の数を入れかえた数の差は，99 の倍数になる。

(4)　n を整数とすると，連続する 4 つの偶数は $2n-2$，$2n$，$2n+2$，$2n+4$ と表すことができる。その和は，
$$(2n-2)+2n+(2n+2)+(2n+4)$$
$$=2n-2+2n+2n+2+2n+4$$
$$=8n+4$$
$$=4(2n+1)$$

$2n+1$ は整数であるから，$4(2n+1)$ は 4 の倍数である。

したがって，連続する 4 つの偶数の和は 4 の倍数になる。

❷ (1)　(例)連続する 3 つの偶数の和は，6 の倍数である。

(2)　(例)n を整数とすると，連続する 3 つの偶数は $2n-2$，$2n$，$2n+2$ と表すことができる。その和は，

$$(2n-2)+2n+(2n+2)$$
$$=2n-2+2n+2n+2$$
$$=6n$$

n は整数であるから，$6n$ は 6 の倍数である。

したがって，連続する 3 つの偶数の和は 6 の倍数になる。

❸ 円錐Ⓐ

❹ (1) $c=2a-b$　　(2) $y=\dfrac{4}{3}x+4$

(3) $m=\dfrac{\ell}{3}-n$　　(4) $\ell=\dfrac{S}{\pi r}$

(5) $h=\dfrac{3V}{S}$　　(6) $b=\dfrac{5a-3c}{2}$

(7) $b=\dfrac{-4a+3}{2}$　　(8) $y=x-7z+35$

(9) $b=\dfrac{2S}{h}-a$

❺ 2π m

・・・・・・・

① (1) $b=-3a+\dfrac{2}{3}$　　(2) $b=3m-2a$

② A　$n+4$

　　a　5　　　b　2　　　c　3　　　d　5

━━━ **解 説** ━━━

② 別解 (1)，(2)「連続する 3 つの偶数の和は，その真ん中の数の 3 倍である。」など，ほかにも予想できることがある。

❸ 円錐Ⓐの体積は，$\dfrac{1}{3}\times\pi\times r^2\times h=\dfrac{1}{3}\pi r^2 h$

円錐Ⓑの体積は，$\dfrac{1}{3}\times\pi\times\left(\dfrac{r}{2}\right)^2\times 2h$

$$=\dfrac{1}{3}\times\pi\times\dfrac{r^2}{4}\times 2h$$
$$=\dfrac{1}{6}\pi r^2 h$$

したがって，円錐Ⓐの体積のほうが大きい。

❹ (5) $V=\dfrac{1}{3}Sh$　　(8) $\dfrac{x-y}{7}=z-5$

$3V=Sh$　　　　　　　$x-y=7z-35$

$Sh=3V$　　　　　　　$-y=-x+7z-35$

$h=\dfrac{3V}{S}$　　　　　　　$y=x-7z+35$

❺ 次の図のように，直線部分を a m，半円の部分の半径を r m とすると，

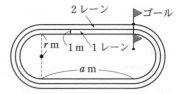

1 レーンの距離は，$2\pi r+2a\,(\mathrm{m})$

2 レーンの距離は，

$$2\pi(r+1)+2a=2\pi r+2\pi+2a\,(\mathrm{m})$$

幅の 1 m

これより，1 レーンと 2 レーンの距離の差は，

$$(2\pi r+2\pi+2a)-(2\pi r+2a)=2\pi\,(\mathrm{m})$$

したがって，2 レーンのスタートラインは，1 レーンのスタートラインより 2π m 先にひけばよい。

② 5 つの自然数は，小さいほうから，n，$n+1$，$n+2$，$n+3$，$n+4$

5 つの自然数の和は，

$$n+(n+1)+(n+2)+(n+3)+(n+4)$$
$$=5n+10$$
$$=5(n+2)$$

━━━ p.20~21 ━━ **ステージ③** ━━━

❶ (1) 単項式…㋐，㋔

　　多項式…㋑，㋒

(2) $4x^2$，$-2xy$，5

(3) ㋐…3 次式，㋑…1 次式，

　　㋒…2 次式，㋓…1 次式

❷ (1) $a+6b$　　(2) $7a-b-9$

(3) $-7x^2-x+1$　　(4) $-12x+3y-6$

(5) $4a-3b$　　(6) $-4x+2y$

(7) $11a+2b$

(8) $\dfrac{-5x+11y}{12}\left(-\dfrac{5}{12}x+\dfrac{11}{12}y\right)$

❸ (1) $-40xy$　(2) $72a^3$　(3) $-6x$

(4) $-3a^2$　(5) $-2xy$　(6) $-2ab$

❹ (1) 50　(2) -20　(3) 48　(4) 48

❺ 円錐Ⓑ

❻ 3 桁の自然数の百の位の数を a，十の位の数を b，一の位の数を c とすると，

　　もとの数は，　$100a+10b+c$

十の位の数と百の位の数を入れかえた数は，

$100b+10a+c$ と表すことができる。その差は，

$$(100a+10b+c)-(100b+10a+c)$$

$=100a+10b+c-100b-10a-c$

$=90a-90b$

$=90(a-b)$

$a-b$ は整数であるから，$90(a-b)$ は 90 の倍数である。

したがって，3桁の自然数と，その自然数の十の位の数と百の位の数を入れかえた数の差は，90 の倍数になる。

7 (1) $y=\dfrac{6x-21}{5}$　　(2) $a=b+\dfrac{c}{2}$

(3) $a=\dfrac{-3b+5c-7}{2}$

(4) $b=\dfrac{2S}{a}$

▶────────◀ 解 説 ▶────────◀

2 (6) $(16x-8y)\div(-4)$

$=(16x-8y)\times\left(-\dfrac{1}{4}\right)$

$=-4x+2y$

(7) $5(a+2b)+2(3a-4b)$

$=5a+10b+6a-8b$

$=5a+6a+10b-8b$

$=11a+2b$

(8) $\dfrac{x+2y}{3}-\dfrac{3x-y}{4}$

$=\dfrac{4(x+2y)-3(3x-y)}{12}$

$=\dfrac{4x+8y-9x+3y}{12}$

$=\dfrac{-5x+11y}{12}\left(=-\dfrac{5}{12}x+\dfrac{11}{12}y\right)$

3 (5) $9xy^2\div\left(-\dfrac{9}{2}y\right)$

$=9xy^2\times\left(-\dfrac{2}{9y}\right)$

$=-\dfrac{\overset{1}{\cancel{9}}\times x\times\overset{1}{\cancel{y}}\times y\times 2}{\underset{1}{\cancel{9}}\times\underset{1}{\cancel{y}}}$

$=-2xy$

(6) $a^2b\times(-8b)\div 4ab$

$=-\dfrac{\overset{1}{\cancel{a}}\times a\times\overset{1}{\cancel{b}}\times\overset{2}{\cancel{8}}\times b}{\underset{1}{\cancel{4}}\times\underset{1}{\cancel{a}}\times\underset{1}{\cancel{b}}}$

$=-2ab$

4 式を簡単にしてから，x, y の値を代入する。

(1) $3(4x-2y)+5(x+3y)$

$=12x-6y+5x+15y$

$=17x+9y$

$=17\times 4+9\times(-2)$

$=68-18$

$=50$

(2) $2(-x+3y)-3(-x-2y)$

$=-2x+6y+3x+6y$

$=x+12y$

$=4+12\times(-2)$

$=4-24$

$=-20$

(3) $21xy^2\div 7xy\times 4y$

$=\dfrac{21xy^2\times 4y}{7xy}$

$=12y^2$

$=12\times(-2)^2$

$=12\times 4$

$=48$

(4) $18x^2y\div(-6xy)\times 2y$

$=-\dfrac{18x^2y\times 2y}{6xy}$

$=-6xy$

$=-6\times 4\times(-2)$

$=48$

┌─ 得点アップの **コツ** ♪ ─────────
│ 式を簡単にする前に代入しても，式の値は変わらないが，式を簡単にしてから代入した方が，計算が楽になることが多い。
└───────────────────────

5 円柱Ⓐの体積 … πr^2h (cm^3)

円錐Ⓑの体積 … $\dfrac{1}{3}\times\pi\times(2r)^2\times h$

$=\dfrac{4}{3}\pi r^2h$ (cm^3)

円錐Ⓑの体積のほうが大きい。

7 (1) $6x-5y=21$

$-5y=-6x+21$

$y=\dfrac{6x-21}{5}$

(3) $c=\dfrac{2a+3b+7}{5}$

$5c=2a+3b+7$

$-2a=3b-5c+7$

$a=\dfrac{-3b+5c-7}{2}$

2章 連立方程式

❶ (1) $x=3,\ y=5$　　(2) $x=2,\ y=4$

❷ (1) $x=-2,\ y=5$　　(2) $x=-2,\ y=5$

(3) $x=3,\ y=2$　　(4) $x=4,\ y=1$

(5) $x=-2,\ y=5$　　(6) $x=-1,\ y=8$

❸ (1) $x=2,\ y=3$　　(2) $x=-1,\ y=2$

(3) $x=4,\ y=-2$　　(4) $x=4,\ y=5$

(5) $x=2,\ y=1$

(6) $x=-1,\ y=-3$

(7) $x=-1,\ y=3$　　(8) $x=8,\ y=-5$

(9) $x=3,\ y=-2$

解説

❶ (1) $2x+y=11$ が成り立つ $x,\ y$ の値の組は，

x	1	2	3	4	5
y	9	7	5	3	1

$4x+3y=27$ が成り立つ $x,\ y$ の値の組は，

x	1	2	3	4	5
y	$\frac{23}{3}$	$\frac{19}{3}$	5	$\frac{11}{3}$	$\frac{7}{3}$

したがって，この連立方程式の解は，

$x=3,\ y=5$

(2) $2x-5y=-16$ が成り立つ $x,\ y$ の値の組は，

x	1	2	3	4	5
y	$\frac{18}{5}$	4	$\frac{22}{5}$	$\frac{24}{5}$	$\frac{26}{5}$

$4x-3y=-4$ が成り立つ $x,\ y$ の値の組は，

x	1	2	3	4	5
y	$\frac{8}{3}$	4	$\frac{16}{3}$	$\frac{20}{3}$	8

したがって，この連立方程式の解は，

$x=2,\ y=4$

❷ 上の式を①，下の式を②とする。

(1) ①　　　$3x+y=-1$
②　$-)\ \ x+y=\ \ 3$
　　　$2x\ \ \ \ =-4$ ← y を消去
　　　　$x=-2$

$x=-2$ を②に代入すると，

$-2+y=3$

$y=5$

(2) ①　　　$2x+y=\ \ 1$
②　$+)\ \ x-y=-7$
　　　$3x\ \ \ \ =-6$ ← y を消去
　　　　$x=-2$

$x=-2$ を②に代入すると，

$-2-y=-7$

$y=5$

(3) まず，①+② で y を消去する。

(4) まず，①-② で x を消去する。

(5) まず，①+② で x を消去する。

(6) まず，①-② で y を消去する。

❸ 上の式を①，下の式を②とする。

(1) ①×2　　$2x+4y=16$
②　　$-)2x+\ y=\ \ 7$
　　　　　$3y=\ \ 9$ ← x を消去
　　　　　$y=3$

$y=3$ を①に代入すると，

$x+2×3=8$

$x=2$

②×2-① で，先に y を消去してもよい。

(2) ①×3　　$12x+3y=-\ 6$
②　　$+)\ \ x-3y=-\ 7$
　　　　$13x\ \ \ \ \ =-13$ ← y を消去
　　　　　$x=-1$

$x=-1$ を①に代入すると，

$4×(-1)+y=-2$

$y=2$

(3) ①×2　　$2x-4y=\ \ 16$
②　　$-)2x+5y=-\ 2$
　　　　　$-9y=\ \ 18$ ← x を消去
　　　　　　$y=-2$

$y=-2$ を①に代入すると，

$x-2×(-2)=8$

$x=4$

(4) ①　　　　$5x-3y=\ 5$
②×3　$-)6x-3y=\ 9$
　　　　$-x\ \ \ \ \ =-4$ ← y を消去
　　　　　$x=4$

$x=4$ を②に代入すると，

$2×4-y=3$

$y=5$

(5) ①×2　　$6x+4y=\ \ 16$
②　　$-)6x+5y=\ \ 17$
　　　　　$-y=-\ 1$ ← x を消去
　　　　　$y=1$

$y=1$ を①に代入すると，

$3x+2×1=8$

$3x=6$

$x=2$

(6) まず，①＋②×2 で y を消去する。

(7) まず，①×3＋②×2 で y を消去する。

(8) まず，①×7－②×2 で x を消去する。

(9) まず，①×3－②×2 で x を消去する。

ポイント

加減法
消去する文字の係数の絶対値を等しくしてから，左辺どうし，右辺どうしを加えたりひいたりする。

p.24〜25　ステージ1

❶ (1)　$x=3$, $y=6$　　(2)　$x=24$, $y=-8$

　(3)　$x=-1$, $y=1$　　(4)　$x=2$, $y=7$

　(5)　$x=5$, $y=2$　　(6)　$x=2$, $y=-1$

❷ (1)　$x=1$, $y=4$　　(2)　$x=2$, $y=-5$

　(3)　$x=3$, $y=-2$　　(4)　$x=3$, $y=-1$

❸ (1)　$x=6$, $y=1$　　(2)　$x=4$, $y=-3$

　(3)　$x=3$, $y=2$　　(4)　$x=-1$, $y=2$

　(5)　$x=3$, $y=-2$　　(6)　$x=2$, $y=1$

　(7)　$x=8$, $y=6$　　(8)　$x=5$, $y=2$

解説

❶ 上の式を①，下の式を②とする。

(1)　①を②に代入すると，

$$2x+3\times 2x=24$$
$$8x=24$$
$$x=3$$

$x=3$ を①に代入すると，

$$y=2\times 3$$
$$y=6$$

(3)　①を②に代入すると，

$$5x+3(2x+3)=-2$$
$$5x+6x+9=-2$$
$$11x=-11$$
$$x=-1$$

$x=-1$ を①に代入すると，

$$y=2\times(-1)+3$$
$$y=1$$

(5)　②を①に代入すると，

$$(2y+1)+3y=11$$
$$5y=10$$
$$y=2$$

$y=2$ を②に代入すると，

$$x=2\times 2+1$$

$$x=5$$

(6)　②を①に代入すると，

$$(y+5)+3y=1$$
$$4y=-4$$
$$y=-1$$

$y=-1$ を②に代入すると，

$$2x=-1+5$$
$$x=2$$

❷ 上の式を①，下の式を②とする。

(1)　①のかっこをはずすと，

$$5x-3x-3y=-10$$
$$2x-3y=-10 \ \cdots\cdots③$$

②　　　　　　$4x+\ y=\ \ \ 8$
③×2　　　$-)\ 4x-6y=-20$
　　　　　　　　　$7y=\ \ \ 28$ ← x を消去
　　　　　　　　　　$y=4$

$y=4$ を②に代入すると，

$$4x+4=8$$
$$x=1$$

(2)　②のかっこをはずすと，

$$x+6x+3y=-1$$
$$7x+3y=-1 \ \cdots\cdots③$$

①と③を組にした連立方程式を解く。

(3)　①のかっこをはずすと，

$$5x-5y+8y=9$$
$$5x+3y=9$$

(4)　②のかっこをはずすと，

$$2x+6y-y=1$$
$$2x+5y=1$$

❸ 上の式を①，下の式を②とする。

(1)　②×10 → $3x+8y=26 \cdots\cdots③$
　　①と③を組にした連立方程式を解く。

(2)　①×10 → $8x+4y=20$ ← ①×5 としてもよい

(3)　①×10 → $3x+2y=13$

(4)　②×10 → $4x-7y=-18$

(5)　②×6 → $4x+3y=6$

(6)　①×2 → $x-3y=-1$

(7)　②×6 → $3x+y=30$

(8)　①×8 → $2x-y=8$

ポイント

係数に小数や分数がある連立方程式
まず，両辺に 10 や 100，分母の最小公倍数などをかけて，係数を整数にする。

p.26〜27 ■■ **ステージ❶**

❶ (1) $x=-3,\ y=2$ (2) $x=-3,\ y=2$
❷ (1) $x=-2,\ y=-3$
 (2) $x=3,\ y=2$
 (3) $x=2,\ y=1$ (4) $x=3,\ y=-1$
 (5) $x=-2,\ y=4$ (6) $x=1,\ y=-1$
❸ (1) $a=1,\ b=2$ (2) $a=-2,\ b=5$

━━━━ **解説** ━━━━

❷ (1) $\begin{cases} x+2y=-8 & \cdots\cdots① \\ 7x-2y=-8 & \cdots\cdots② \end{cases}$

① $\quad x+2y=-\ 8$
② $\underline{+)\ 7x-2y=-\ 8}$
$\qquad 8x\qquad =-16$ ← y を消去
$\qquad\quad x=-2$

$x=-2$ を①に代入すると,
$\quad -2+2y=-8$
$\qquad\quad y=-3$

(2) $\begin{cases} 2x-y=4 & \cdots\cdots① \\ -2x+5y=4 & \cdots\cdots② \end{cases}$

① $\quad 2x-\ y=4$
② $\underline{+)\ -2x+5y=4}$
$\qquad\qquad 4y=8$ ← x を消去
$\qquad\qquad y=2$

$y=2$ を①に代入すると,
$\quad 2x-2=4$
$\qquad 2x=6$
$\qquad\ x=3$

(4) $\begin{cases} 2x-3y=x-y+5 & \cdots\cdots① \\ 4x+3y=x-y+5 & \cdots\cdots② \end{cases}$

①を整理して, $x-2y=5\ \cdots\cdots③$
②を整理して, $3x+4y=5\ \cdots\cdots④$
③と④を組にした連立方程式を解く。

(5) $\begin{cases} 3x+2y=2x-3y+18 & \cdots\cdots① \\ 3x+2y=x-2y+12 & \cdots\cdots② \end{cases}$

①を整理して, $x+5y=18\ \cdots\cdots③$
②を整理して, $2x+4y=12\ \cdots\cdots④$
③と④を組にした連立方程式を解く。

❸ (1) それぞれの2元1次方程式に $x=3$, $y=-2$ を代入すると,
$\begin{cases} 3a-b\times(-2)=7 \\ 3b+a\times(-2)=4 \end{cases}$
$\rightarrow \begin{cases} 3a+2b=7 & \cdots\cdots① \\ -2a+3b=4 & \cdots\cdots② \end{cases}$

①×2 $\qquad 6a+4b=14$
②×3 $\underline{+)\ -6a+9b=12}$
$\qquad\qquad\quad 13b=26$
$\qquad\qquad\qquad b=2$

$b=2$ を①に代入すると,
$\quad 3a+2\times2=7$
$\qquad 3a=3$
$\qquad\ a=1$

(2) それぞれの2元1次方程式に $x=7,\ y=1$ を代入すると,
$\begin{cases} 7a+b=-9 & \cdots\cdots① \\ 7+a=b & \cdots\cdots② \end{cases}$
②を①に代入すると,
$7a+(7+a)=-9$
$7a+7+a=-9$
$\qquad 8a=-16$
$\qquad\ a=-2$

$a=-2$ を②に代入すると,
$\quad 7+(-2)=b$
$\qquad\quad b=5$

p.28〜29 ■■ **ステージ❷**

❶ ⑨
❷ (1) $x=2,\ y=5$ (2) $x=2,\ y=5$
 (3) $x=1,\ y=-2$ (4) $x=2,\ y=4$
 (5) $x=3,\ y=2$ (6) $x=1,\ y=4$
 (7) $x=3,\ y=4$ (8) $x=1,\ y=-1$
 (9) $x=2,\ y=6$
❸ (1) $x=3,\ y=-1$ (2) $x=4,\ y=-2$
 (3) $x=-2,\ y=-1$
 (4) $x=3,\ y=1$
 (5) $x=1,\ y=2$ (6) $x=3,\ y=2$
 (7) $x=6,\ y=4$ (8) $x=-3,\ y=3$
 (9) $x=8,\ y=6$
❹ (1) $x=2,\ y=-4$ (2) $x=1,\ y=-3$
 (3) $x=2,\ y=-6$ (4) $x=3,\ y=-2$
 (5) $x=5,\ y=3$
❺ (1) $x=3,\ y=-2$ (2) $x=-2,\ y=3$
 (3) $x=-3,\ y=4$ (4) $x=-2,\ y=4$
❻ (1) $a=5,\ b=13$ (2) $a=3,\ b=-2$

• • • • • •

① (1) $x=5,\ y=-2$ (2) $x=-3,\ y=5$

━━━━━━━━━━━━━ 解 説 ━━━━━━━━━━━━━

❶ 問題の連立方程式の解は，$x=2$，$y=-1$

❷ 上の式を①，下の式を②とする。

(1) ① $3x+y= 11$
   ② $+)-3x+y=- 1$
            $2y= 10$ ← x を消去
            $y=5$

   $y=5$ を①に代入すると，
      $3x+5=11$
      $3x=6$
      $x=2$

(4) ①×2 → $14x-6y=4$ ……③
   ②×3 → $9x-6y=-6$ ……④
   ③ $14x-6y= 4$
   ④ $-) 9x-6y=-6$
            $5x = 10$ ← y を消去
            $x=2$

   $x=2$ を①に代入すると，
      $7×2-3y=2$
      $-3y=-12$
      $y=4$

(6) ①を②に代入すると，
      $5x-4(3x+1)=-11$
      $5x-12x-4=-11$
      $-7x=-7$
      $x=1$

   $x=1$ を①に代入すると，
      $y=3×1+1$
      $y=4$

❸ 上の式を①，下の式を②とする。

(1) ②のかっこをはずし整理する。
      → $2x+3y=3$ ……③
   ①−③×2 → $x=3$
   $x=3$ を③に代入 → $6+3y=3$ $y=-1$

(4) ①×10 → $19x-2y=55$ ……③
   ③−② → $14x=42$ $x=3$
   $x=3$ を②に代入 → $15-2y=13$ $y=1$

(7) ①×6 → $2x+3y=24$ ……③
   ②×4 → $2x-y=8$ ……④
   ③−④ → $4y=16$ $y=4$
   $y=4$ を④に代入 → $2x-4=8$ $x=6$

(8) ①×10 → $5x+2y=-9$ ……③
   ②×30 → $5x+12y=21$ ……④
   ③−④ → $-10y=-30$ $y=3$

$y=3$ を③に代入 → $5x+6=-9$ $x=-3$

❹ かっこをはずす，係数を整数にするなどして，できるだけ式を簡単にしてから計算する。
上の式を①，下の式を②とする。

(1) ① → $x-3y=14$
   ② → $x+y=-2$

(3) ① → $2x+y=-2$
   ② → $3x+2y=-6$

(4) ① → $2x-3y=12$
   ② → $x-4y=11$

(5) ① → $2x-3y=1$
   ② → $10x-9y=23$

❺ $A=B=C$ の形の方程式は，次のどれかの形にして，連立方程式として解けばよい。

・$\begin{cases} A=B \\ B=C \end{cases}$ ・$\begin{cases} A=B \\ A=C \end{cases}$ ・$\begin{cases} A=C \\ B=C \end{cases}$

(1) $\begin{cases} 2x-5y=16 & ……① \\ 3x+2y+11=16 & ……② \end{cases}$
   ②を整理すると，$3x+2y=5$

(2) $\begin{cases} 3x+5y=4x+7y-4 & ……① \\ -6x-y=4x+7y-4 & ……② \end{cases}$
   ①を整理すると，$x+2y=4$
   ②を整理すると，$5x+4y=2$

(3) $\begin{cases} \dfrac{2}{3}x-y=2x-\dfrac{3}{4}y+3 & ……① \\ \dfrac{2}{3}x-y=-\dfrac{x}{3}+\dfrac{y}{2}-9 & ……② \end{cases}$
   ①を整理すると，$16x+3y=-36$
   ②を整理すると，$2x-3y=-18$

(4) $\begin{cases} 0.4x-0.3y=0.3x+0.2y-2.2 & ……① \\ 0.2x-0.4y=0.3x+0.2y-2.2 & ……② \end{cases}$
   ①を整理すると，$x-5y=-22$
   ②を整理すると，$x+6y=22$

❻ x，y の値を代入して，a，b についての連立方程式として解けばよい。

(1) $x=3$，$y=-2$ を代入すると，
   $\begin{cases} 3a-2=b \\ 3+2a=b \end{cases}$

(2) $x=2$，$y=-1$ を代入すると，
   $\begin{cases} 2a-b=8 \\ 2b+a=-1 \end{cases}$

p.30~31 ■ ステージ**1**

❶ (1) $x+y=15$

(2) $80x+140y=1560$

(3) オレンジ9個，りんご6個

❷ アイスクリーム8個，プリン8個

❸ 鉛筆80円，ノート120円

❹ A110円，B150円

━━ 解説 ━━

❶ (2) オレンジ x 個の代金 …… $80x$ 円

りんご y 個の代金 …… $140y$ 円

(3) (1)，(2)より，

$$\begin{cases} x+y=15 & \cdots\cdots① \\ 80x+140y=1560 & \cdots\cdots② \end{cases}$$

②÷20 → $4x+7y=78$ ……③

③ $\qquad\quad 4x+7y=78$

①×4 $\quad -)\ 4x+4y=60$

$\qquad\qquad\qquad 3y=18$ ← x を消去

$\qquad\qquad\qquad\ y=6$

$y=6$ を①に代入すると，

$\quad x+6=15$

$\qquad x=9$

この解は，問題に適している。

❷ アイスクリームの個数を x 個，プリンの個数を y 個とすると，

個数の関係から， $x+y=16$ ……①

代金の関係から， $100x+150y=2000$ ……②

①と②を組とした連立方程式を解けばよい。

ポイント

連立方程式のつくり方

どの数量を文字で表すかを決め，等しい関係にある数量を式で表す。

❸ 鉛筆の値段を x 円，ノートの値段を y 円とすると，

鉛筆4本とノート3冊の代金の合計が680円であることから，

$\quad 4x+3y=680$ ……①

鉛筆5本とノート6冊の代金の合計が1120円であることから，

$\quad 5x+6y=1120$ ……②

①と②を組とした連立方程式を解けばよい。

❹ Aの値段を x 円，Bの値段を y 円とすると，

A3本とB1本では480円

$\quad → \ 3x+y=480$

A2本とB5本では970円

$\quad → \ 2x+5y=970$

p.32~33 ■ ステージ**1**

❶ A地からB地まで15 km，

B地からC地まで9 km

❷ A市からB市まで60 km，

B市からC市まで50 km

❸ プリン60個，ゼリー40個

❹ 男子160人，女子140人

━━ 解説 ━━

❶ A地からB地までの道のりを x km，B地からC地までの道のりを y km とすると，

$$\begin{cases} x+y=24 & ← \text{道のり} \\ \dfrac{x}{20}+\dfrac{y}{4}=3 & ← \text{時間} \end{cases}$$

❷ A市からB市までの道のりを x km，B市からC市までの道のりを y km とすると，

$$\begin{cases} x+y=110 & ← \text{道のり} \\ \dfrac{x}{40}+\dfrac{y}{100}=2 & ← \text{時間} \end{cases}$$

❸ 昨日売れたプリンの個数を x 個，ゼリーの個数を y 個とすると，

$$\begin{cases} x+y=100 & ← \text{昨日売れた個数} \\ \dfrac{90}{100}x+\dfrac{70}{100}y=82 & ← \text{今日売れた個数} \end{cases}$$

❹ 昨年度の男子の人数を x 人，女子の人数を y 人とすると，

$$\begin{cases} x+y=300 & ← \text{昨年度の人数} \\ \dfrac{80}{100}x+\dfrac{110}{100}y=282 & ← \text{今年度の人数} \end{cases}$$

2つの数量の関係を表す式を2つつくればいいね。

14 解答と解説

❶ ばら 230 円，カーネーション 180 円
❷ りんご 120 円，かき 80 円
❸ 46
❹ 歩いた道のり 960 m，走った道のり 1040 m
❺ 5 倍
❻ 男子 50 人，女子 60 人
❼ 男子 840 人，女子 564 人
❽ 鉛筆 120 円，ノート 150 円
❾ 8 ％の食塩水 250 g，16 ％の食塩水 250 g
❿ A中学校 350 人，B中学校 120 人

・・・・・

① (1) $\begin{cases} x+y=365 \\ \dfrac{80}{100}x+\dfrac{60}{100}y=257 \end{cases}$

(2) 男子 190 人　　女子 175 人

② もとの自然数の十の位の数を x，一の位の数を y とすると，

$\begin{cases} x+y=4y-8 & \cdots\cdots① \\ (10y+x)+(10x+y)=132 & \cdots\cdots② \end{cases}$

①を整理すると，$x-3y=-8$ ……③
②を整理すると，$x+y=12$ ……④
④－③ から，$4y=20$，$y=5$
$y=5$ を④に代入すると，$x=7$
この解は，問題に適しているので，もとの自然数は 75 である。

解説

❶ ばらの値段を x 円，カーネーションの値段を y 円とすると，

$\begin{cases} 3x+6y=1770 \\ 5x+7y=2410 \end{cases}$

❷ りんごの値段を x 円，かきの値段を y 円とすると，

$\begin{cases} 12x+8y=2000+80 \\ 8x+12y=2000-80 \end{cases}$

❸ 十の位の数を x，一の位の数を y とすると，

$\begin{cases} x+y=10 \\ 10y+x=10x+y+18 \end{cases}$

❹ 歩いた道のりを x m，走った道のりを y m とすると，

$\begin{cases} x+y=2000 & \leftarrow 道のり \\ \dfrac{x}{60}+\dfrac{y}{130}=24 & \leftarrow 時間 \end{cases}$

❺ AB 間を x km，BC 間を y km とすると，

$\begin{cases} \dfrac{x+y}{40}=\dfrac{90}{60} \\ \dfrac{x}{30}+\dfrac{y}{60}=\dfrac{70}{60} \end{cases}$

これを解いて，$x=10$，$y=50$
したがって，BC 間の道のりは，AB 間の道のりの

$\dfrac{50}{10}=5$（倍）

❻ 2 年生全体の男子の人数を x 人，女子の人数を y 人とすると，

$\begin{cases} \dfrac{10}{100}x+\dfrac{15}{100}y=14 & \leftarrow テニス部員の人数 \\ x+y=110 & \leftarrow 2 年生全体の人数 \end{cases}$

❼ 考えやすいように，昨年の受験者の男子の人数を x 人，女子の人数を y 人とする。
男子は 12 ％の増加，女子は 6 ％の減少だから，

$\dfrac{112}{100}x+\dfrac{94}{100}y=1404$ ……①

全体では 4 ％の増加だから，

$\dfrac{104}{100}(x+y)=1404$ ……②

$x+y=1350$，$y=1350-x$ ……②′
①と②′ を連立方程式として解くと，
$x=750$，$y=600$
この解は，問題に適している。

ミス注意! これは昨年の受験者の人数なので，今年の受験者数を計算するのを忘れないこと。

男子 → $750\times\dfrac{112}{100}=840$（人）

女子 → $600\times\dfrac{94}{100}=564$（人）

❽ 鉛筆の値段を x 円，ノートの値段を y 円とすると，

$\begin{cases} 6x+4y=1320 & \leftarrow 代金の合計 \\ x:y=4:5 \rightarrow 5x=4y & \leftarrow 値段 \end{cases}$

❾ 8 ％の食塩水を x g，16 ％の食塩水を y g 混ぜるとすると，

$\begin{cases} x+y=500 & \leftarrow 食塩水の重さ \\ \dfrac{8}{100}x+\dfrac{16}{100}y=500\times\dfrac{12}{100} & \leftarrow 食塩の重さ \end{cases}$

❿ A中学校の生徒数を x 人，B中学校の生徒数を y 人とすると，

$\begin{cases} x=3y-10 & \leftarrow 全校生徒数の関係 \\ \dfrac{30}{100}x+\dfrac{35}{100}y=147 & \leftarrow 3 年生の合計人数 \end{cases}$

❶ (1) $x=1$, $y=6$　　$x=2$, $y=4$
　　$x=3$, $y=2$

(2) $x=1$, $y=5$　　$x=2$, $y=4$
　　$x=3$, $y=3$　　$x=4$, $y=2$
　　$x=5$, $y=1$

❷ ⑦

❸ (1) $x=3$, $y=-2$　　(2) $x=1$, $y=2$

(3) $x=2$, $y=4$　　(4) $x=2$, $y=-1$

(5) $x=15$, $y=8$　　(6) $x=1$, $y=-3$

❹ (1) $x=3$, $y=2$

(2) $x=-\dfrac{14}{5}$, $y=\dfrac{7}{5}$

❺ りんご 3 個, なし 9 個

❻ A 250 円, B 100 円

❼ A市からB市まで 125 km,
　　B市からC市まで 25 km

❽ 製品A 250 個, 製品B 200 個

❾ 男子 261 人, 女子 276 人

=========== 解説 ===========

❶ (1) x, y が自然数とあるので, $2x+y=8$ に
$x=1$, $x=2$ とあてはめていく。

x	1	2	3	4	5	6
y	6	4	2	0	-2	-4

したがって, 解は, $x=1$, $y=6$　$x=2$, $y=4$
$x=3$, $y=2$　の 3 組となる。

(2)

x	1	2	3	4	5	6	7
y	5	4	3	2	1	0	-1

したがって, 解は, $x=1$, $y=5$　$x=2$, $y=4$
$x=3$, $y=3$　$x=4$, $y=2$　$x=5$, $y=1$　の 5
組となる。

❸ 上の式を①, 下の式を②とする。

(5) ①×20　$4x+5y=100$　……③
②×2　$4x-6y=12$　……④
③−④ → $11y=88$
$\qquad\qquad y=8$

$y=8$ を②に代入すると,
$2x-3\times8=6$
$\qquad\quad x=15$

(6) ①×10　$11x+3y=2$　……③
②×6　$4x+3y=-5$　……④
③−④ → $7x=7$
$\qquad\qquad x=1$

$x=1$ を③に代入すると,
$11\times1+3y=2$
$\qquad\qquad y=-3$

❹ (1) $\begin{cases} 5x-7y=4x-3y-5 & \cdots\cdots① \\ -3x+5y=4x-3y-5 & \cdots\cdots② \end{cases}$

の形にして解くと,
① $x-4y=-5$　……③
② $-7x+8y=-5$　……④
③×2+④ → $-5x=-15$　$x=3$
$x=3$ を③に代入すると,
$3-4y=-5$　$y=2$

❺ りんごの個数を x 個, なしの個数を y 個とする
と,
$\begin{cases} x+y=12 & \longleftarrow \text{個数の関係} \\ 100x+160y=1740 & \longleftarrow \text{代金の関係} \end{cases}$

❻ Aの値段を x 円, Bの値段を y 円とすると,
$\begin{cases} 3x+5y=1250 \\ 5x+3y=1550 \end{cases}$

❼ A市からB市までを x km, B市からC市まで
を y km とすると,
$\begin{cases} x+y=150 & \longleftarrow \text{道のり} \\ \dfrac{x}{100}+\dfrac{y}{20}=\dfrac{150}{60} & \longleftarrow \text{時間} \end{cases}$

❽ つくった製品Aの個数を x 個, 製品Bの個数を
y 個とすると,
$\begin{cases} x+y=450 & \longleftarrow \text{つくった製品の合計} \\ \dfrac{20}{100}x+\dfrac{10}{100}y=70 & \longleftarrow \text{不良品の合計} \end{cases}$

❾ 昨年度の男子の生徒数を x 人, 女子の生徒数を
y 人とすると,
$\begin{cases} x+y=530 & \longleftarrow \text{昨年度の生徒数} \\ \dfrac{90}{100}x+\dfrac{115}{100}y=537 & \longleftarrow \text{今年度の生徒数} \end{cases}$

これを解いて, $x=290$, $y=240$
これは昨年度の男子と女子の生徒数だから, 今年
度の男子の生徒数は, $290\times\dfrac{90}{100}=261$（人）

女子の生徒数は, $240\times\dfrac{115}{100}=276$（人）

得点アップのコツ

求める数量以外の数量を x や y で表した方が, 連立
方程式がつくりやすい場合がある。そのようにした
ときは, x や y の値をそのまま答えとはしないこと。

2章

3章 1次関数

p.38〜39 ステージ**1**

❶ (1) ㋐ **28**　　㋑ **32**　　㋒ **36**

　　　㋓ **40**　　㋔ **44**

　(2) $y=4x+20$

　(3) （1次関数と）いえる。

❷ (1) （1次関数と）いえる。

　(2) （1次関数と）いえる。

❸ (1) **2**

　(2) **2**

❹ (1) x の増加量が1のとき … **4**

　　　x の増加量が5のとき … **20**

　(2) x の増加量が1のとき … **−1**

　　　x の増加量が5のとき … **−5**

━━━ 解説 ━━━

❶ (2)　1分間に4 cm ずつ高くなっているので，水を入れ始めてから，x 分後の水面の高さは，$4x$ cm 高くなっている。

水を入れ始める前の水面の高さは，20 cm なので，x 分後の水面の高さは，$(4x+20)$ cm となる。

したがって，y を x の式で表すと，

　$y=4x+20$

(3)　$y=ax+b$ の式で表せるので，

$y($ ← 水面の高さ$)$ は $x($ ← 時間$)$ の1次関数であるといえる。

❷　y を x で表した式は次の通り。

(1)　$y=-0.4x+8$

(2)　$y=8x$

❸　1次関数 $y=2x+3$ の変化の割合は2で一定である。

ポイント

$y=ax+b$ の変化の割合は，a で一定である。

❹　それぞれの1次関数の変化の割合は次の通り。

(1)　4　　(2)　−1

$y=ax+b$ で，$b=0$ のときが $y=ax$（比例）だね。

p.40〜41 ステージ**1**

❶

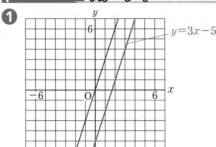

$y=3x-5$

1次関数 $y=3x-5$ のグラフは，$y=3x$ のグラフを y 軸の負の方向に5（正の方向に−5）だけ平行移動させた直線である。

❷ (1)　傾き … **−1**　　切片 … **9**

　(2)　傾き … **4**　　　　切片 … **−7**

❸　傾き … ㋐ **−2**　　㋑ $\dfrac{3}{2}$

　　　　㋒ $\dfrac{1}{2}$　　㋓ $-\dfrac{1}{2}$

傾きの大きい順 … ㋑, ㋒, ㋓, ㋐

❹

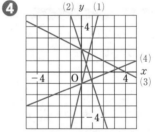

━━━ 解説 ━━━

❶　1次関数 $y=ax+b$ のグラフは，$y=ax$ のグラフを y 軸の正の方向に b だけ平行移動した直線である。$b<0$ のときは，「y 軸の正の方向に b だけ平行移動」というかわりに，「y 軸の負の方向に $-b$ だけ平行移動」ということもできる。

└ 正の数

ポイント

$y=ax+b$ のグラフは，$y=ax$ のグラフを y 軸の正の方向に b だけ平行移動した直線である。

❸　直線の傾きを調べるときは，x, y の値がともに整数になっている点をさがすとよい。

1次関数 $y=ax+b$ のグラフは，$a>0$ のとき，a の値（傾き）が大きくなるほど，直線は y 軸に近づく。

❹　1次関数のグラフをかくには，傾きと切片から通る2点を求め直線をひく。

p.42~43 ■ **ステージ1**

❶ (1) $-5 < y \leqq 7$ (2) $9 \leqq y < 21$

(3) $-5 < y < -1$ (4) $-4 < y \leqq 5$

❷ (1) ① $y = \dfrac{3}{2}x + 3$ ② $y = -2x + 4$

③ $y = \dfrac{4}{3}x - 4$

(2) ① $y = 2x - 4$ ② $y = \dfrac{2}{3}x + 1$

③ $y = -x - 2$

■ 解説 ■

❶ $<$，$>$ と $\leqq$，$\geqq$ のちがいに注意する。

傾きが正のときは，x が最大値をとるとき y も最大値を，x が最小値をとるとき y も最小値をとる。傾きが負のときは，x が最大値をとるときは y は最小値を，x が最小値をとるときは y は最大値をとる。

(1) $x = -3$ のとき，$y = -5$
　　$x = 3$ のとき，$y = 7$

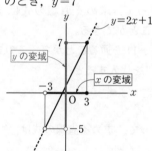

(2) $x = 4$ のとき，$y = 9$
　　$x = 8$ のとき，$y = 21$

(3) $x = 3$ のとき，$y = -1$
　　$x = 5$ のとき，$y = -5$

ミス注意! 傾きが負であることに注意する。

　× $-1 < y < -5$

　○ $-5 < y < -1$

(4) $x = -1$ のとき，$y = 5$
　　$x = 2$ のとき，$y = -4$

❷ グラフから傾きと切片を読みとる。傾きを調べるときは，x 座標，y 座標の値がともに整数であるような点をさがす。

(1) ① 直線と y 軸の交点の y 座標が 3 であるから，切片は 3。直線は，右に 2 進むと上に 3 進んでいるから，傾きは $\dfrac{3}{2}$

したがって，求める式は $y = \dfrac{3}{2}x + 3$ となる。

② ①と同様に直線を調べると，切片は 4，傾きは -2。したがって，求める式は
$y = -2x + 4$ となる。

③ 切片は -4，傾きは $\dfrac{4}{3}$

(2) ① 切片は -4，傾きは 2

② 切片は 1，傾きは $\dfrac{2}{3}$

③ 切片は -2，傾きは -1

ポイント

切片と傾きから直線の式を求める
切片が b，傾きが a の直線の式は，
$y = ax + b$ である。

p.44~45 ■ **ステージ1**

❶ (1) $y = -x + 4$ (2) $y = 3x - 1$

(3) $y = 4x - 5$ (4) $y = -\dfrac{1}{2}x + \dfrac{3}{2}$

(5) $y = -\dfrac{2}{5}x - \dfrac{1}{5}$

❷ (1) $y = 2x - 5$ (2) $y = -2x + 5$

(3) $y = -3x - 4$ (4) $y = 5x - 8$

(5) $y = \dfrac{2}{3}x + \dfrac{5}{3}$

■ 解説 ■

❶ (1) 傾きが -1 であるから，求める直線の式は $y = -x + b$ と表すことができる。

この直線は点 $(1, 3)$ を通るから，この式に $x = 1$，$y = 3$ を代入すると，

$3 = -1 \times 1 + b$

$b = 4$

したがって，求める直線の式は，

$y = -x + 4$

(2) 傾きが 3 であるから，求める直線の式は $y = 3x + b$ と表すことができる。

この直線は $(2, 5)$ を通るから，この式に $x = 2$，$y = 5$ を代入すると，

$5 = 3 \times 2 + b$

$b = -1$

したがって，求める直線の式は，

$y = 3x - 1$

(3) $y=4x+5$ に平行であるから，求める直線の傾きは 4。よって，その式は $y=4x+b$ と表すことができる。

この直線は点 $(2, 3)$ を通るから，この式に $x=2$，$y=3$ を代入すると，

$3=4\times2+b$

$b=-5$

したがって，求める直線の式は，

$y=4x-5$

(4) 変化の割合が $-\dfrac{1}{2}$ であるから，求める 1 次関数の式は $y=-\dfrac{1}{2}x+b$ と表すことができる。

この 1 次関数は $x=3$ のとき $y=0$ であるから，

$0=-\dfrac{1}{2}\times3+b$

$b=\dfrac{3}{2}$

したがって，求める 1 次関数の式は，

$y=-\dfrac{1}{2}x+\dfrac{3}{2}$

(5) 変化の割合が $-\dfrac{2}{5}$ であるから，求める 1 次関数の式は $y=-\dfrac{2}{5}x+b$ と表すことができる。

この 1 次関数は $x=2$ のとき $y=-1$ であるから，

$-1=-\dfrac{2}{5}\times2+b$

$b=-\dfrac{1}{5}$

したがって，求める 1 次関数の式は，

$y=-\dfrac{2}{5}x-\dfrac{1}{5}$

ポイント

直線が通る 1 点の座標と傾きから式を求める

$y=$ ●$x+b$ の式に直線が通る 1 点の x 座標，y 座標を代入して，b の値を求める。

❷ (1) 2 点 $(1, -3)$，$(3, 1)$ を通るから，傾きは，

$\dfrac{1-(-3)}{3-1}=2$

したがって，求める直線の式は $y=2x+b$ と表すことができる。

点 $(1, -3)$ を通るから，この式に $x=1$，

$y=-3$ を代入すると，

$-3=2\times1+b$

$b=-5$

したがって，求める直線の式は，

$y=2x-5$

別解 求める直線の式を $y=ax+b$ と表すと，

$x=1$ のとき $y=-3$ であるから，

$-3=a+b$ ……①

$x=3$ のとき $y=1$ であるから，

$1=3a+b$ ……②

①，②を組にした連立方程式を解いて，a，b の値を求めると，

$a=2$，$b=-5$

したがって，求める直線の式は，

$y=2x-5$

(2) 2 点 $(3, -1)$，$(5, -5)$ を通るから，傾きは

$\dfrac{-5-(-1)}{5-3}=-2$

したがって，求める直線の式は $y=-2x+b$ と表すことができる。

点 $(3, -1)$ を通ることから，この式に $x=3$，$y=-1$ を代入すると，

$-1=-2\times3+b$

$b=5$

したがって，求める直線の式は，

$y=-2x+5$

別解 求める直線の式を $y=ax+b$ と表すと，

$x=3$ のとき $y=-1$ であるから，

$-1=3a+b$ ……①

$x=5$ のとき $y=-5$ であるから，

$-5=5a+b$ ……②

①，②を組にした連立方程式を解いて，a，b の値を求めると，

$a=-2$，$b=5$

したがって，求める直線の式は，

$y=-2x+5$

(3) 2 点 $(-1, -1)$，$(2, -10)$ を通るから，傾きは

$\dfrac{-10-(-1)}{2-(-1)}=-3$

したがって，求める直線の式は $y=-3x+b$ と表すことができる。

点 $(-1, -1)$ を通るから，この式に $x=-1$，$y=-1$ を代入すると，

$-1=-3\times(-1)+b$

$b=-4$

したがって，求める直線の式は，

$y=-3x-4$

別解 求める直線の式を $y=ax+b$ と表すと，

$x=-1$ のとき $y=-1$ であるから，

$-1=-a+b$ ……①

$x=2$ のとき $y=-10$ であるから，

$-10=2a+b$ ……②

①，②を組にした連立方程式を解いて，a，b の値を求めると，

$a=-3$，$b=-4$

したがって，求める直線の式は，

$y=-3x-4$

(4) $x=3$ のとき $y=7$，$x=5$ のとき $y=17$ であるから，傾きは，

$\dfrac{17-7}{5-3}=5$

したがって，求める1次関数の式は，$y=5x+b$ と表すことができる。

$x=3$ のとき $y=7$ であるから，

$7=5\times3+b$

$b=-8$

したがって，求める1次関数の式は，

$y=5x-8$

別解 求める1次関数の式を $y=ax+b$ と表すと，$x=3$ のとき $y=7$ であるから，

$7=3a+b$ ……①

$x=5$ のとき $y=17$ であるから，

$17=5a+b$ ……②

①，②を組にした連立方程式を解いて，a，b の値を求めると，

$a=5$，$b=-8$

したがって，求める1次関数の式は，

$y=5x-8$

(5) $x=2$ のとき $y=3$，$x=5$ のとき $y=5$ であるから，傾きは，

$\dfrac{5-3}{5-2}=\dfrac{2}{3}$

したがって，求める1次関数の式は，

$y=\dfrac{2}{3}x+b$ と表すことができる。

$x=2$ のとき $y=3$ であるから，

$3=\dfrac{2}{3}\times2+b$

$b=\dfrac{5}{3}$

したがって，求める1次関数の式は，

$y=\dfrac{2}{3}x+\dfrac{5}{3}$

別解 求める1次関数の式を $y=ax+b$ と表すと，$x=2$ のとき $y=3$ であるから，

$3=2a+b$ ……①

$x=5$ のとき $y=5$ であるから，

$5=5a+b$ ……②

①，②を組にした連立方程式を解いて，a，b の値を求めると，

$a=\dfrac{2}{3}$，$b=\dfrac{5}{3}$

したがって，求める1次関数の式は，

$y=\dfrac{2}{3}x+\dfrac{5}{3}$

ポイント

直線が通る2点の座標から式を求める

・直線が通る2点の座標から傾き●を求め，$y=$●$x+b$ とおき，b の値を求める。

・直線が通る2点の座標から，傾き a，切片 b についての連立方程式をつくり，それを解く。

p.46〜47 ステージ2

❶ (1) 負の方向に3（正の方向に -3）だけ平行移動した直線

切片は -3

(2) 正の方向に7だけ平行移動した直線

切片は 7

❷ (1) 3倍　　(2) -2　　(3) $\dfrac{7}{8}$

❸

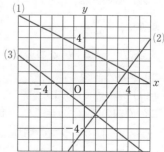

❹ $-5<y\leqq4$

❺ (1) $y=-\dfrac{3}{4}x-3$　　(2) $y=-\dfrac{1}{2}x+2$

(3) $y=-\dfrac{2}{5}x-2$　　(4) $y=\dfrac{2}{3}x-4$

6 (1) $y=4x-6$　　　(2) $y=-4x-10$

7 (1) $(0,\ -4)$　　　(2) **負の数**

8 (1) $a=\dfrac{2}{3}$　　　(2) $y=-2x-5$

• • • • • •

① ⑦, ⑨

◀◀◀◀ 解説 ▶▶▶▶

4 $x=-4$ のときの y の値は,

$$y=-\dfrac{3}{4}\times(-4)+1=4$$

$x=8$ のときの y の値は,

$$y=-\dfrac{3}{4}\times 8+1=-5$$

したがって, x の変域が $-4\leqq x<8$ のときの y の変域は, $-5<y\leqq 4$

ミス注意！ 不等号 $<$, $>$, $\leqq$, $\geqq$ の向きに注意しよう。

5 (1) グラフは, 右へ 4 進むと, 下へ 3 進む。
したがって, この直線の傾きは,

$$\dfrac{(y\text{の増加量})}{(x\text{の増加量})}\ \text{より},$$

$$\dfrac{-3}{4}=-\dfrac{3}{4}$$

切片は -3
これにより, この直線の式は,

$$y=-\dfrac{3}{4}x-3$$

6 (1) $y=4x+5$ に平行な直線なので, 傾きは 4
$y=4x+b$ とおいて, $x=3$, $y=6$ を代入すると,

$$6=4\times 3+b \rightarrow b=-6$$

したがって, この直線の式は, $y=4x-6$

(2) この直線の傾きは, $\dfrac{-8}{2}=-4$

求める直線の式を $y=-4x+b$ とおいて,
$x=-1$, $y=-6$ を代入すると,

$$-6=-4\times(-1)+b \rightarrow b=-10$$

したがって, この直線の式は, $y=-4x-10$

7 (1) 1 次関数 $y=ax-4$ のグラフの切片は
$-4 \rightarrow$ つまり, グラフは a の値にかかわらず, y 軸と $y=-4$ の点で交わる。この点を座標で表すと, $(0,\ -4)$ となる。

(2) グラフが右下がりであることから, $a<0$
また, グラフと y 軸との交点が 0 より上側であることから, $b>0$　したがって,

$$a-b=(\text{負の数})-(\text{正の数})$$
$$=(\text{負の数})+(\text{負の数})$$
$$=(\text{負の数})$$

8 (1) ①の式に $x=2$ を代入すると,

$$y=-2\times 2+7=3$$

したがって, A の座標は $(2,\ 3)$
直線②は点 A を通るから, ②の式に $x=2$, $y=3$ を代入すると,

$$3=2a+\dfrac{5}{3}$$

$$a=\dfrac{2}{3}$$

(2) 直線 BC は直線①と平行であることから, 傾きは -2。したがって, 直線 BC の式は,
$y=-2x+b$ と表すことができる。
また, 点 B は直線②と x 軸との交点であることから, ②の式に $y=0$ を代入すると,

$$0=\dfrac{2}{3}x+\dfrac{5}{3}$$

$$x=-\dfrac{5}{2}$$

$y=-2x+b$ に $x=-\dfrac{5}{2}$, $y=0$ を代入すると

$$0=-2\times\left(-\dfrac{5}{2}\right)+b$$

$$b=-5$$

したがって, 直線 BC の式は,

$$y=-2x-5$$

① ⑦　$y=4x+5$ に $x=4$ を代入すると,
$y=4\times 4+5=21$ となるから,
$(4,\ 5)$ は通らない。

⑨　傾きが正なので, 右上がりの直線である。

⑨　$x=-2$ を代入すると,
$$y=4\times(-2)+5=-3$$
$x=1$ を代入すると,
$$y=4\times 1+5=9$$
よって, y の増加量は,
$$9-(-3)=12$$

⑨　正しい。

1 (1) $y=2x+4$　　(2) $y=-\dfrac{1}{2}x-3$

(3) $y=\dfrac{2}{3}x-2$

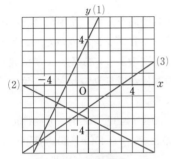

2 (1) y 軸との交点の座標 … $(0,\ 3)$
　　　x 軸との交点の座標 … $(-2,\ 0)$

(2) y 軸との交点の座標 … $(0,\ 4)$
　　　x 軸との交点の座標 … $(3,\ 0)$

(3) y 軸との交点の座標 … $(0,\ -2)$
　　　x 軸との交点の座標 … $(6,\ 0)$

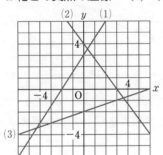

3

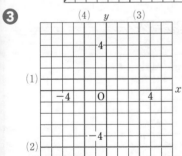

■ 解 説 ■

2 $x=0,\ y=0$ をそれぞれ代入する。

(2) $x=0$ のとき，$y=4$　　$y=0$ のとき，$x=3$

(3) $x=0$ のとき，$y=-2$　　$y=0$ のとき，$x=6$

3 (2)，(4) それぞれの方程式を変形すると，次の通り。

(2) $\underset{x\text{軸に平行}}{\underline{y=-5}}$　　　(4) $\underset{y\text{軸に平行}}{\underline{x=-2}}$

1 (1)

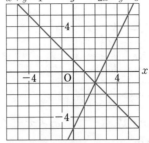

連立方程式の解 … $x=2,\ y=-1$

(2)

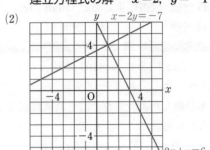

連立方程式の解 … $x=1,\ y=4$

2 (1) ℓ　$y=3x-2$
　　　m　$y=-2x+1$

(2) $\left(\dfrac{3}{5},\ -\dfrac{1}{5}\right)$

3 (1) $\left(\dfrac{2}{5},\ \dfrac{6}{5}\right)$　　(2) $\left(\dfrac{10}{7},\ \dfrac{13}{7}\right)$

■ 解 説 ■

1 (2) $x-2y=-7$ は，$(-1,\ 3)$, $(1,\ 4)$ を通る直線である。

2 (2) $\begin{cases} y=3x-2 & \cdots\cdots① \\ y=-2x+1 & \cdots\cdots② \end{cases}$

①を②に代入して，

$\quad 3x-2=-2x+1$

$\qquad\quad 5x=3$

$\qquad\qquad x=\dfrac{3}{5}$

$x=\dfrac{3}{5}$ を①に代入して，$y=3\times\dfrac{3}{5}-2=-\dfrac{1}{5}$

3 2つの直線 ℓ, m の式を連立方程式として解く。

(1) $\ell\ \cdots\ y=-2x+2$

$\quad m\ \cdots\ y=\dfrac{1}{2}x+1$

(2) $\ell\ \cdots\ y=2x-1$

$\quad m\ \cdots\ y=\dfrac{1}{4}x+\dfrac{3}{2}$　← 2点$(-2,\ 1)$, $(2,\ 2)$を通る直線の式

3
章

p.52~53 ステージ**1**

❶ (1)
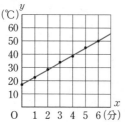

(2) $y=5.5x+17$　　(3) およそ 15 分後

❷ (1) 分速 50 m

(2) 45 分後，図書館まであと 750 m のところ

(3) 40 分後　　(4) 2000 m

━━━━━━━ 解 説 ━━━━━━━

❶ (3) $y=5.5x+17$ に $y=100$ を代入して，

$x=15.0\cdots$ より，およそ 15 分後

❷ 兄と弟が進んだようすをそれぞれ式に表すと，次のようになる。

兄 … $y=50x$　　弟 … $y=200x-6000$

(3) グラフの交点の x 座標を読みとる。

(4) グラフの交点の y 座標を読みとる。

別解 (3)と(4)は，上の 2 つの式を組にした連立方程式を解いて求めてもよい。

p.54~55 ステージ**1**

❶ (1) ① $y=4x$　　② $y=16$

③ $y=-4x+64$

(2)
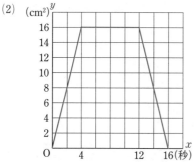

❷ 120 分

━━━━━━━ 解 説 ━━━━━━━

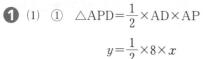

❶ (1) ① $\triangle APD=\dfrac{1}{2}\times AD\times AP$

$y=\dfrac{1}{2}\times 8\times x$

② $\triangle APD=\dfrac{1}{2}\times AD\times AB$

$y=\dfrac{1}{2}\times 8\times 4$

③ $\triangle APD=\dfrac{1}{2}\times AD\times DP$

$y=\dfrac{1}{2}\times 8\times(AB+BC+CD-x)$

$y=\dfrac{1}{2}\times 8\times(4+8+4-x)$

❷ 1 か月の通話時間を x 分，使用料金を y 円とすると，A プランと B プランについて，x と y の関係を式に表すと次のようになる。x が整数でないときも直線の関係が成り立つとき，グラフは下の図のようになる。

A プラン … $0\leqq x\leqq 30$ のとき，$y=2500$

$30\leqq x$ のとき，$y=40(x-30)+2500$

$=40x+1300$

B プラン … $0\leqq x\leqq 60$ のとき，$y=4600$

$60\leqq x$ のとき，$y=25(x-60)+4600$

$=25x+3100$

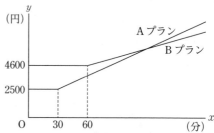

したがって，$y=40x+1300$，$y=25x+3100$ を組とした連立方程式を解いて x の値を求めると，

$x=120$

p.56~57 ステージ**2**

❶
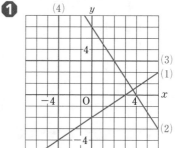

❷ (1) $(2,\ 1)$　　　　(2) $(-1,\ 4)$

(3) $a=-3$

❸ (1) $y=\dfrac{1}{4}x+20$

(2) 34 g

❹ (1) 分速 80 m

(2) 9 時 39 分

⑤ (1)

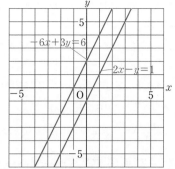

$-6x+3y=6$

$2x-y=1$

(2) 2つのグラフが平行で交わらないから，連立方程式の解はない。

● ● ● ● ●

① (1) **540 m**

(2) $y=90x+450$

◆◆◆◆◆◆◆◆ 解 説 ◆◆◆◆◆◆◆◆

❶ (1) 2点 $(0, -2)$, $(3, 0)$ を通る直線。

(2) 2点 $(0, 6)$, $(4, 0)$ を通る直線。

(3) 変形すると，$y=3$

(4) 変形すると，$x=-3$

❷ (1) 2つの直線の式を組とする連立方程式を解くと，$x=2$, $y=1$ となる。

(2) 2点 $(-3, 0)$, $(0, 6)$ を通る直線の式は，$y=2x+6$ である。

(3) 2つの直線が x 軸上で交わるということは，$y=0$ のときの x の値が等しいということ。

$2x-y=2$ に $y=0$ を代入すると，

$2x=2$ $x=1$

したがって，直線 $ax-y=-3$ は，$x=1$ のとき $y=0$ となる。$ax-y=-3$ に $x=1$, $y=0$ を代入すると，

$a×1-0=-3$ $a=-3$

❸ (1) 表の中から，適当に2つの x, y の値の組を選び，それをもとに計算し，他の値の組についてもほぼその式が成り立つかを調べる。

求める式を $y=ax+b$ とすると，

$x=12$ のとき $y=23$ であることから，

$23=12a+b$ ……①

$x=40$ のとき $y=30$ であることから，

$30=40a+b$ ……②

①，②を組とした連立方程式を解いて，

$a=\dfrac{1}{4}$, $b=20$

(2) (1)で求めた式に $y=28.5$ を代入して，x の値を求める。求めた値が条件 $12≦x≦40$ に合っていれば，それが答えである。

❹ (1) 1200 m の道のりを15分で歩いているので，

$\dfrac{1200}{15}=80$ (m/分)

(2) 兄が公園を出発した後の2人のようすをそれぞれ式で表すと，次の通り。

兄 … $y=60x-900$ ……①

弟 … $y=160x-4800$ ……②

①，②を組とした連立方程式を解いて x の値を求めると，

$x=39$

これは，兄が家を出た9時からの時間なので，時刻に直すと，9時39分となる。

❺ (1) それぞれ式を変形すると，

$2x-y=1$

$-y=-2x+1$

$y=2x-1$

$-6x+3y=6$

$3y=6x+6$

$y=2x+2$

となり，傾きが等しいので，グラフは平行な直線になる。

参考 連立方程式のそれぞれの方程式をグラフで表したとき，交点の x 座標，y 座標が連立方程式の解である。

・2つのグラフが平行になる場合，連立方程式の解はない。

・2つのグラフが重なる場合，連立方程式の解は無数にある。

① (1) 4時から4時5分まで走っているので，郵便局は家から走って3分で進んだ道のりである。

$180×3=540$ (m)

(2) 歩く速さは毎分90 m なので，

$y=90x+b$ とおく。

$x=15$ のとき $y=1800$ だから，

代入して，

$1800=90×15+b$

より，$b=450$

よって，$y=90x+450$

p.58~59 ステージ**3**

1 (1) $y=5x$, 〇　　(2) $y=\dfrac{36}{x}$, ×

　　(3) $y=-8x+48$, 〇

2 (1) **4**　　　　　　(2) **24**

　　(3) $y=4x-7$

3

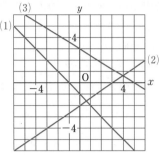

4 (1) $y=-2x-1$　　(2) $y=3x+5$

　　(3) $y=-2x+1$　　(4) $y=2x+8$

5

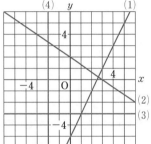

6 (1) 直線ℓ … $y=-3x-3$

　　　直線m … $y=x-1$

　　(2) $\left(-\dfrac{1}{2},\ -\dfrac{3}{2}\right)$

7 (1) **BC 上** … $y=3x$,　**CD 上** … $y=24$,

　　　DA 上 … $y=-3x+66$

　　(2)

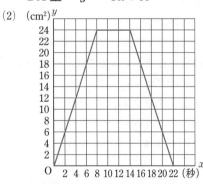

　　(3) **5 秒後と 17 秒後**

━━━━━◀ **解説** ▶━━━━━

4 (1) 傾きは -2，切片は -1 なので，
　　　$y=-2x-1$

　　(2) $y=3x+b$ に $x=-1$，$y=2$ を代入すると，
　　　$2=3×(-1)+b$　$b=5$

　　(3) $y=-2x+b$ に $x=2$，$y=-3$ を代入すると，
　　　$-3=-2×2+b$　$b=1$

　　(4) 傾き$=\dfrac{6-(-2)}{-1-(-5)}=2$ なので，求める直線の
　　　式は，$y=2x+b$ と表せる。この式に $x=-5$，
　　　$y=-2$ を代入する。
　　　（$x=-1$，$y=6$ を代入してもよい。）
　　　$-2=2×(-5)+b$　$b=8$

　　別解
　　点$(-5,\ -2)$ より，$-2=-5a+b$ ……①
　　点$(-1,\ 6)$ より，$6=-a+b$ ……②
　　①と②を組にした連立方程式を解いて，a，b の
　　値を求めてもよい。

5 それぞれの式を変形すると，次のようになる。

　　(1) $y=2x-5$　　　(2) $y=-\dfrac{2}{3}x+2$

　　(3) $\underline{y=-3}$　　　　(4) $\underline{x=-2}$
　　　　$\underset{x軸に平行}{}$　　　　　　$\underset{y軸に平行}{}$

6 (1) ℓ … 傾きは -3，切片は -3
　　　m … 傾きは 1，切片は -1

7 (1) 点P が BC 上にあるとき，
　　　　$\triangle ABP=\dfrac{1}{2}×AB×BP$

　　　　$y=\dfrac{1}{2}×6×x$

　　　点P が CD 上にあるとき，
　　　　$\triangle ABP=\dfrac{1}{2}×AB×BC$

　　　　$y=\dfrac{1}{2}×6×8$

　　　点P が DA 上にあるとき，
　　　　$\triangle ABP=\dfrac{1}{2}×AB×PA$

　　　　$y=\dfrac{1}{2}×6×\underset{PA}{\underline{(8+6+8-x)}}$

　　(3) 点P が BC 上にあるとき，DA 上にあるとき
　　　の 2 回あることに注意する。

得点アップの コツ

点の移動と面積の変化についての問題では，まず，
線分の長さを，x を使って表す。

4章 平行と合同

1 (1) $\angle c$　　　　(2) $180°-\angle b$
(3) $\angle b=75°$, $\angle c=105°$, $\angle d=75°$

2 (1) $\angle g$, $\angle k$　　(2) $\angle g$, $\angle k$

3 (1) $95°$　(2) $95°$　(3) $110°$

4 (1) $\angle x=60°$, $\angle y=70°$
(2) 平行

━━━ 解 説 ━━━

3 (1) $\angle e$ の対頂角は, $\angle g (=95°)$
(2) $\angle c$ の錯角は, $\angle e (=95°)$
(3) $\angle h$ の同位角は, $\angle d (=\angle b=110°)$

1 (1) $52°$　(2) $118°$　(3) $53°$

2

	四角形	五角形	六角形	七角形	八角形	n 角形
頂点の数	4	5	6	7	8	n
三角形の数	2	3	4	5	6	$n-2$
内角の和	360°	540°	720°	900°	1080°	$180°\times(n-2)$

3 (1) $1980°$
(2) 内角の和 … $2880°$
　　1つの内角の大きさ … $160°$

4 (1) $120°$　　　(2) $48°$

━━━ 解 説 ━━━

1 (1) $180°-(78°+50°)=52°$
(2) $42°+76°=118°$
(3) $123°-70°=53°$

3 (1) $180°\times(13-2)=1980°$
(2) $180°\times(18-2)=2880°$
　$2880°\div18=160°$

ポイント
n 角形の内角の和は $180°\times(n-2)$ である。

4 (1) $360°-(125°+115°)=120°$
(2) $180°-83°=97°$
　$360°-(110°+105°+97°)=48°$

ポイント
多角形の外角の和は $360°$ である。

1 (1) $\angle a=180°-\angle c$
(2) $\angle b=124°$, $\angle c=56°$

2 (1) $40°$　(2) $75°$　(3) $45°$
(4) $22°$　(5) $130°$　(6) $25°$

3 (1) $50°$　(2) $65°$　(3) $94°$
(4) $65°$　(5) $27°$　(6) $50°$

4 (1) 5本　　　(2) 正八角形
(3) $180°$　　　(4) $76°$

5 BC∥DE で,
平行線の錯角は等しいから,
　$\angle b=\angle d$
　$\angle c=\angle e$
したがって,
　$\angle a+\angle b+\angle c=\angle a+\angle d+\angle e=180°$

・・・・・・

1 (1) $100°$　(2) $146°$　(3) $72°$

2 $41°$

━━━ 解 説 ━━━

2 (1) $\angle x=100°-60°=40°$
(2) $\angle x$ の頂点を通り,
　ℓ, m に平行な直線を
　ひいて考える。
(3) $60°-35°=25°$
　$\angle x=25°+20°=45°$
(4) 平行線の同位角と
　三角形の内角と外角
　の性質を使う。
　$\angle x=48°-26°=22°$
(5) 右の図から,
　$\angle y=180°-(75°+25°)=80°$
　$\angle x+150°+\angle y=360°$
　$\angle x=360°-80°-150°$
　　$=130°$
(6) $180°-70°=110°$
　$\angle x=135°-110°=25°$

3 (1) $\angle x+47°=42°+55°$
　$\angle x=42°+55°-47°=50°$
(2) $180°-75°=105°$
　$360°-(88°+102°+105°)=65°$
(3) $360°-(85°+82°+107°)=86°$
　$\angle x=180°-86°=94°$

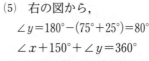

(4) $180° - 120° = 60°$

$\angle a + \angle b = 60°$

$\angle x$
$= 180° - (25° + 30° + \angle a + \angle b)$
$= 180° - (25° + 30° + 60°)$
$= 65°$

(5) 右の図のように 2 つ
の三角形に分けて考え
ると，

$(35° + \bullet) + (\angle x + \circ)$
$= 120°$

$\bullet + \circ = 58°$ より，$\angle x$
の大きさを求める。

$35° + \angle x + 58° = 120°$
$\angle x = 27°$

(6) 右の図で，

$\angle a = 50° + 45° = 95°$

$\angle b = 360° - (95° + 75° + 100°)$
$= 90°$

$\angle c = 180° - 90° = 90°$

$\angle x = 360° - (90° + 130° + 90°)$
$= 50°$

4 (1) n 角形の 1 つの頂点から出る対角線の本数
は，$n - 3$（本）

(3) 右の図のように
記号を決めると，
△ACG に注目し，
内角と外角の性質
から，

$\angle DGF = \angle A + \angle C$

同じように，△BFE に注目すると，

$\angle GFD = \angle B + \angle E$

△DGF の内角の和は 180° だから，

$\angle D + \angle DGF + \angle GFD = 180°$

$\angle A + \angle B + \angle C + \angle D + \angle E = 180°$

(4) $\angle FBC = 41° - 27° = 14°$

$\angle BFC = 180° - (90° + 14°) = 76°$

1 (1) 右の図で，

$\angle a = 180° - 150°$
$= 30°$

$\angle b = \angle a = 30°$

$\angle x = 70° + 30°$
$= 100°$

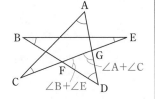

(2) 72° の角の頂点を
通り，ℓ，m に平
行な直線 n をひい
て考える。

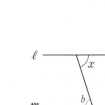

$\angle a = 38°$

$\angle b = 72° - 38° = 34°$

$\angle c = 34°$

$\angle x = 180° - 34° = 146°$

(3) 右の図で，

$\angle a = 140° - 32°$
$= 108°$

$\angle b = 180° - 108°$
$= 72°$

$\angle x = \angle b = 72°$

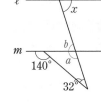

2 右の図のように，点 E，
F をとる。

$\angle DAF = 76°$

$\angle DAC = 76° - 36°$
$= 40°$

$\angle BAD = \angle DAC$
$= 40°$

$\angle EAB = 180° - 40° - 40° - 36°$
$= 64°$

$\angle ABD = \angle EAB = 64°$

$\angle x = 64° - 23° = 41°$

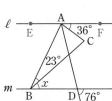

p.66〜67 ステージ **1**

1 (1) 頂点 B … 頂点 F，辺 CD … 辺 GH，
$\angle DAB$ … $\angle HEF$

(2) **7.5 cm** (3) **70°**

2 △ABC ≡ △QRP
合同条件 … 2 組の辺とその間の角が
それぞれ等しい。

△DEF ≡ △ONM
合同条件 … 1 組の辺とその両端の角が
それぞれ等しい。

△GHI ≡ △LJK
合同条件 … 3 組の辺がそれぞれ等しい。

3 (1) △ABD ≡ △CBD
合同条件 … 3 組の辺がそれぞれ等しい。

(2) △ABD ≡ △CBD
合同条件 … 2 組の辺とその間の角が
それぞれ等しい。

━━━━ **解　説** ━━━━

❸ (1)　△ABD と △CBD で，
$$AB=CB$$
$$DA=DC$$
$$BD=BD（共通）$$
(2)　△ABD と △CBD で，
$$AB=CB$$
$$\angle ABD=\angle CBD$$
$$BD=BD（共通）$$

p.68～69 ━━ **ステージ1**

❶ ㋐　$\angle ABC=\angle DCB$
㋑　$\angle ACB=\angle DBC$　（㋐，㋑は順不同）
㋒　共通な辺
㋓　1組の辺とその両端の角

❷ (1)　仮定 … $AP=BP$，$AQ=BQ$
　　結論 … 直線 PQ は直線 ℓ の垂線
(2)　△APQ と △BPQ
(3)　3組の辺がそれぞれ等しい。
(4)　△APQ と △BPQ で，
　　仮定から，　　　$AP=BP$ ……①
　　　　　　　　　　$AQ=BQ$ ……②
　　共通な辺だから，$PQ=PQ$ ……③
　　①，②，③より，3組の辺がそれぞれ等
　　しいから，
　　　　△APQ≡△BPQ
　　合同な三角形の対応する角は等しいから，
　　　　$\angle APQ=\angle BPQ$
　　また，$\angle APQ+\angle BPQ=180°$ より，
　　　　$\angle APQ=\angle BPQ$
　　　　　　　$=180°\times\dfrac{1}{2}$
　　　　　　　$=90°$
　　したがって，直線 PQ は，直線 ℓ の垂線
　　である。

━━━━ **解　説** ━━━━

❶ 仮定 … $\angle ABC=\angle DCB$，$\angle ACB=\angle DBC$
　結論 … △ABC≡△DCB
「　　　ならば　　　」を問題文から読みとっ
て，　　　が仮定，　　　が結論であることを示
す。

ポイント

証明
・まず，仮定と結論をはっきり区別する。
・三角形の合同が根拠になりそうな場合，かくれた
　三角形を見つけ出し，3つの合同条件のうちのど
　れが使えるかを考える。

p.70～71 ━━ **ステージ2**

❶ (1)　$AB=DE$，$\angle C=\angle F$　（$\angle A=\angle D$）
(2)　$BC=EF$，$\angle A=\angle D$

❷ (1)　△AED≡△CDE，2組の辺とその間の
　　角がそれぞれ等しい。
(2)　△AED≡△FEC，1組の辺とその両端
　　の角がそれぞれ等しい。

❸ (1)　仮定 … x が9の倍数
　　結論 … x は3の倍数
(2)　仮定 … 2直線が平行
　　結論 … 錯角は等しい

❹ (1)　仮定 … $BC=DA$，$\angle ACB=\angle CAD$
　　結論 … $AB/\!/CD$
(2)① 2組の辺とその間の角がそれぞれ等し
　　　い。
　　② 合同な三角形の対応する角は等しい。
　　③ 2直線に1つの直線が交わってできる
　　　錯角が等しければ，その2直線は平行
　　　である。

❺ (1)　△AOQ≡△COQ，2組の辺とその間の
　　角がそれぞれ等しい。
(2)　△AQD と △CQB で，
　　△AOQ≡△COQ より，
　　　　$AQ=CQ$ ……①
　　　　$\angle QAO=\angle QCO$ ……②
　　また，$\angle DAQ=180°-\angle QAO$ ……③
　　　　　$\angle BCQ=180°-\angle QCO$ ……④
　　②，③，④より，
　　　　$\angle DAQ=\angle BCQ$ ……⑤
　　対頂角は等しいことから，
　　　　$\angle AQD=\angle CQB$ ……⑥
　　①，⑤，⑥より，1組の辺とその両端の
　　角がそれぞれ等しいから，
　　　　△AQD≡△CQB

4
章

6 △BED と △ECF で，

仮定より，　BE＝EC ……①

　　　　　　BD＝EF ……②

BA∥EF で，2 直線に 1 つの直線が交わっ
たときにできる同位角は等しいから，

　　　　∠DBE＝∠FEC ……③

①，②，③より， 2 組の辺とその間の角がそ
れぞれ等しいから，

　　　　△BED≡△ECF

合同な三角形の対応する角は等しいから，

　　　　∠BED＝∠ECF

2 直線に 1 つの直線が交わってできる同位角
が等しければ，その 2 直線は平行だから，

　　　　DE∥AC

• • • • • •

① Ⅰ　90

　Ⅱ　45

　a　2 組の辺とその間の角

━━━━ 解説 ━━━━

① (1)
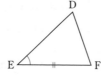

AB＝DE を加えれば，

　「2 組の辺とその間の角がそれぞれ等しい」

が成り立つ。

∠C＝∠F を加えれば，

　「1 組の辺とその両端の角がそれぞれ等しい」

が成り立つ。

(2)
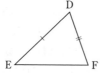

BC＝EF を加えれば，

　「3 組の辺がそれぞれ等しい」

が成り立つ。

∠A＝∠D を加えれば，

　「2 組の辺とその間の角がそれぞれ等しい」

が成り立つ。

② (1)　△AED と △CDE で，

仮定より，　　　DA＝EC

AD∥BC で，平行な 2 直線に 1 つの直線が交
わってできる錯角は等しいから，

　　　　∠EDA＝∠DEC

共通な辺だから，　ED＝DE

(2)　△AED と △FEC で，

仮定より，　ED＝EC

対頂角は等しいから，

　　　　∠AED＝∠FEC

AD∥BF で，平行な 2 直線に 1 つの直線が交
わってできる錯角は等しいから，

　　　　∠EDA＝∠ECF

③ ▨▨▨▨ ならば ▱▱▱▱

　　　仮定　　　　結論

⑤ (1)　△AOQ と △COQ で，

仮定より，　　　　　AO＝CO

　　　　　　　　∠AOQ＝∠COQ

共通な辺だから，　OQ＝OQ

⑥ 仮定にふくまれている線分から，△BED と
△ECF に注目する。

仮定と結論にふくまれている「2 直線が平行」は，
「同位角が等しい」としてあつかえばよいことが
わかる。

① ∠ADC＝∠EDG＝90°，

∠EDC が共通より，

∠ADE＝∠CDG となる。

参考 2 つの角の大きさが等しいとき，それらの
角から共通する角をひいた角の大きさは等しくな
る。

右の図で，
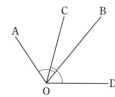

∠AOB＝∠COD のとき，

　∠AOC

＝∠AOB－∠COB

　∠BOD

＝∠COD－∠COB

したがって，

∠AOC＝∠BOD がいえる。

○＝△ が成り立つとき，
どんな□に対しても
○－□＝△－□ が成り
立つよ。
証明の問題ではこのこと
をよく利用するよ。

p.72~73 ステージ**3**

1 $p /\!/ q$

2 (1) **110°** (2) **128°** (3) **40°**

3 (1) **54°** (2) **35°** (3) **80°**

    (4) **120°** (5) **93°**

4 (1) **2160°** (2) **40°** (3) **15**

5 △ABC≡△RPQ，1組の辺とその両端の角
がそれぞれ等しい。

△DEF≡△KLJ，2組の辺とその間の角が
それぞれ等しい。

△GHI≡△NMO，3組の辺がそれぞれ等し
い。

6 (1) 仮定 … AC=DB，∠ACB=∠DBC
     結論 … AB=DC

   (2) △ABC と △DCB

   (3) 2組の辺とその間の角がそれぞれ等しい。

   (4) 合同な三角形の対応する辺は等しい。

7 △AEB と △DEC で，
仮定より，BA=CD ……①
仮定より AB$/\!/$CD で，平行な2直線に1つ
の直線が交わってできる錯角は等しいから，
     ∠BAE=∠CDE ……②
     ∠EBA=∠ECD ……③
①，②，③より，1組の辺とその両端の角が
それぞれ等しいから，
     △AEB≡△DEC
合同な三角形の対応する辺は等しいから，
     AE=DE

━━━━ 解説 ◀━━━━

1 2直線 p，q に1つの直線 ℓ が交わってできる
同位角が等しいから，$p /\!/ q$

2 (1) ∠a＝58°（対頂角）

    ∠x＝∠a＋52°
     =58°＋52°
     =110°

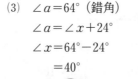

   (2) ∠a＝20°（錯角）

    ∠b＝72°－20°
     =52°

    ∠c＝52°（錯角）

    ∠x＝180°－52°
     =128°

   (3) ∠a＝64°（錯角）

    ∠a＝∠x＋24°

    ∠x＝64°－24°
     =40°

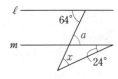

得点アップのコツ

$\ell /\!/ m$ のときの ∠x の大きさを求めるときは，ℓ，
m に平行な直線をひいて，同位角や錯角が等しいこ
とを利用したり，三角形の内角や外角の性質を利用
したりすることが多い。まず，∠x や大きさがわか
っている角の同位角や錯角に注目するとよい。

3 (1) 180°－(53°＋73°)＝54°

   (2) 75°－40°＝35°

   (3) ∠a＝180°－(65°＋45°)
     =70°

    ∠b＝70°（対頂角）

    ∠x＝180°－(30°＋70°)
     =80°

   (4) 180°×(5－2)＝540°
    540°－(118°＋105°＋100°＋97°)＝120°

   (5) 360°－(60°＋70°＋78°＋65°)＝87°
    180°－87°＝93°

4 (1) 180°×(14－2)＝2160°

   (2) 360°÷9＝40°

   (3) 正 n 角形とすると，
    360°÷n＝24°
     n＝15

6 (2) AB=DC であることを導くには，AB と
DC を辺にもつ △ABC と △DCB の合同を示
せばよい。

   (3) △ABC と △DCB で，
    仮定より，   AC=DB
              ∠ACB=∠DBC
    共通な辺だから，BC=CB

7 AE=DE であることを導くには，AE と DE
を辺にもつ △AEB と △DEC の合同を示せばよ
い。

得点アップのコツ

2つの辺の長さが等しいことや，2つの角の大きさ
が等しいことを証明するときには，それらの辺や角
をふくむ三角形が合同であることを示せばよいこと
が多い。

4
章

5章 三角形と四角形

❶ (1) 80° (2) 70° (3) 100°
(4) 125°

❷ AD＝3 cm, ∠ADB＝90°

❸ (1) 仮定 … AB＝AC, AD⊥BC
結論 … ∠DAB＝∠DAC

(2) △ABD と △ACD で,
仮定より, ∠BDA＝∠CDA＝90°
二等辺三角形の底角は等しいから,
∠ABD＝∠ACD
また, 三角形の内角の和は 180° なので,
∠DAB＝180°－(∠ABD＋∠BDA)
∠DAC＝180°－(∠ACD＋∠CDA)
したがって,
∠DAB＝∠DAC
すなわち, AD は頂角∠A を 2 等分する。

━━━━ 解説 ━━━━

❶ (1) 180°－(50°×2)＝80°

(2) $(180°－40°)×\frac{1}{2}＝70°$

(3) 180°－(180°－140°)×2＝100°

(4) $(180°－70°)×\frac{1}{2}＝55°$

180°－55°＝125°

❷ 二等辺三角形の頂角の二等分線は, 底辺を垂直に 2 等分するから,

$AD＝AC×\frac{1}{2}＝6×\frac{1}{2}＝3 (cm)$

AC⊥BD より, ∠ADB＝90°

ポイント

二等辺三角形の頂角の二等分線は, 底辺を垂直に 2 等分する。

❶ △DBC と △ECB で,
仮定より, BD＝CE ……①
DC＝EB ……②
共通な辺だから, BC＝CB ……③
①, ②, ③より, 3 組の辺がそれぞれ等しいから, △DBC≡△ECB
したがって, ∠DBC＝∠ECB

---

2 つの角が等しいから, △ABC は二等辺三角形である。

❷ (1) x が偶数ならば, x は 8 の倍数である。
正しくない。
(例) $x＝2$ のとき, x は偶数だが, 8 の倍数ではない。

(2) △ABC と △DEF で, ∠B＝∠E ならば, △ABC≡△DEF である。
正しくない。
(例) △ABC と △DEF で, ∠B＝∠E でも AB＝1 cm, DE＝2 cm なら, △ABC と △DEF は合同ではない。

(3) 2 直線は, 錯角が等しければ平行である。
正しい。

(4) $xy＝2$ ならば, $x＝2$, $y＝1$ である。
正しくない。
(例) $x＝1$, $y＝2$ のとき, $xy＝2$ だが, $x＝2$, $y＝1$ ではない。

❸ △PBA と △PBC で,
仮定より, AB＝CB ……①
∠ABP＝∠CBP ……②
共通な辺だから,
BP＝BP ……③
①, ②, ③より, 2 組の辺とその間の角がそれぞれ等しいから,
△PBA≡△PBC ……④
また, △PBC と △PAC で,
仮定より, BC＝AC ……⑤
∠BCP＝∠ACP ……⑥
共通な辺だから,
CP＝CP ……⑦
⑤, ⑥, ⑦より, 2 組の辺とその間の角がそれぞれ等しいから,
△PBC≡△PAC ……⑧
④, ⑧より, △PBA≡△PBC≡△PAC

━━━━ 解説 ━━━━

❶ ある三角形が二等辺三角形であることを示すには, その三角形の 2 つの角が等しいことを示せばよい。
△ABC が二等辺三角形であることを示すには, ∠DBC＝∠ECB を示せばよい。

り立つので，もちろん合同である。

・△DEF と △LJK で，
DE＝LJ，FD＝KL，∠DEF＝∠LJK＝90°

・△GHI と △OMN で，
∠HIG＝180°−（90°＋65°）＝25° だから，
∠HIG＝∠MNO，HI＝MN，
∠HGI＝∠MON＝90°
また，∠GHI＝∠OMN＝65° なので，一般の三角形の合同条件も成り立つ。

ポイント
二等辺三角形になるための条件
2つの角が等しい三角形は，二等辺三角形である。

❷ (1) 反例は，$x=4$，6，10 などでもよい。
(2) 三角形の合同条件を思い出そう。
(4) 反例は，$x=-2$，$y=-1$ などでもよい。
❸ 正三角形の定義を利用する。

ポイント
正三角形の定義
3つの辺が等しい三角形を正三角形という。

p.78〜79 ■■ **ステージ1**

❶ △ABC と △QRP，2組の辺とその間の角がそれぞれ等しい。
△DEF と △LJK，直角三角形の斜辺と他の1辺がそれぞれ等しい。
△GHI と △OMN，直角三角形の斜辺と1つの鋭角がそれぞれ等しい。（1組の辺とその両端の角がそれぞれ等しい。）

❷ △ABD と △ACE で，
仮定より，AB＝AC ……①
　　　　∠BDA＝∠CEA＝90° ……②
共通な角だから，
　　　　∠DAB＝∠EAC ……③
①，②，③より，直角三角形の斜辺と1つの鋭角がそれぞれ等しいから，
　　　　△ABD≡△ACE
したがって，AD＝AE

❸ △ADE と △ACE で，
仮定より，∠ADE＝∠ACE＝90° ……①
　　　　　　AD＝AC ……②
共通な辺だから，AE＝AE ……③
①，②，③より，直角三角形の斜辺と他の1辺がそれぞれ等しいから，
　　　　△ADE≡△ACE
したがって，∠DAE＝∠CAE
すなわち，AE は ∠BAC を2等分する。

■■ **解説** ■■

❶ △ABC と △QRP で，
・BC＝RP，CA＝PQ，∠BCA＝∠RPQ
直角三角形だが，一般の三角形の合同条件が成

p.80〜81 ■■ **ステージ2**

❶ (1) 96°　　　(2) 30°
❷ △DBC と △ECB で，
仮定より，　　　BD＝CE ……①
二等辺三角形の底角は等しいから，
　　　　∠DBC＝∠ECB ……②
共通な辺だから，BC＝CB ……③
①，②，③より，2組の辺とその間の角がそれぞれ等しいから，
　　　　△DBC≡△ECB
したがって，∠BCD＝∠CBE
2つの角が等しいから，△FBC は二等辺三角形である。

❸ △ABD と △BCE で，
仮定より，AB＝BC ……①
　　　　　BD＝CE ……②
　　　　∠ABD＝∠BCE ……③
①，②，③より，2組の辺とその間の角がそれぞれ等しいから，
　　　　△ABD≡△BCE
したがって，
　　　　∠BAD＝∠CBE

❹ (1) ∠CAE　　(2) 60°
❺ △ACE と △BCD で，
仮定より，AC＝BC ……①

CE＝CD ……②

∠ACE＝∠ACD＋60° ……③

∠BCD＝∠ACD＋60° ……④

③，④より，

∠ACE＝∠BCD ……⑤

①，②，⑤より，2組の辺とその間の角がそれぞれ等しいから，

△ACE≡△BCD

したがって，

∠CAE＝∠CBD

❻ △BMD と △CME で，

仮定より， BM＝CM ……①

∠BDM＝∠CEM＝90° ……②

対頂角だから，

∠BMD＝∠CME ……③

①，②，③より，直角三角形の斜辺と1つの鋭角がそれぞれ等しいから，

△BMD≡△CME

したがって， BD＝CE

❼ (1) 45°

(2) $10＋x$ (cm)

• • • • • •

① (1) 60°

(2) △ABF と △ADE で，

仮定より， AB＝AD ……①

△ABD は二等辺三角形だから，

∠ABF＝∠ADE ……②

∠AGB＝90°，AD∥BC より，

∠FAD＝∠AGB＝90°

∠BAF＝∠BAE－∠FAE

＝90°－∠FAE ……③

∠DAE＝∠DAF－∠FAE

＝90°－∠FAE ……④

③，④より， ∠BAF＝∠DAE ……⑤

①，②，⑤より，

1組の辺とその両端の角がそれぞれ等しいから，

△ABF≡△ADE

━━━━━━━━━━ 解 説 ━━━━━━━━━━

❶ (1) ∠ABD＝$(180°－52°)×\frac{1}{2}×\frac{1}{2}＝32°$

∠x＝180°－(52°＋32°)＝96°

(2) ∠x＝$(180°－40°)×\frac{1}{2}－40°＝30°$

❹ (1) ∠BAD＝60°－∠CAD

∠CAE＝60°－∠CAD

したがって，∠BAD＝∠CAE

(2) △ABD と △ACE で，

仮定より， AB＝AC ……①

AD＝AE ……②

(1)より， ∠BAD＝∠CAE ……③

①，②，③より，2組の辺とその間の角がそれぞれ等しいから，

△ABD≡△ACE

したがって，

∠ACE＝∠ABD＝60°

❼ (1) ∠ABC＝∠ACB＝45°

∠CED＝90°

したがって， ∠EDC＝45°

(2) △ABD と △EBD で，

仮定より， ∠BAD＝∠BED＝90° ……①

∠ABD＝∠EBD ……②

共通な辺だから，

BD＝BD ……③

①，②，③より，直角三角形の斜辺と1つの鋭角がそれぞれ等しいから，

△ABD≡△EBD

したがって，

AD＝ED＝EC＝x (cm)

BA＝BE＝10 (cm)

BC＝BE＋EC＝$10＋x$ (cm)

① (1) AD∥BC より，

∠DBC＝∠ADB＝20°

△DBC で，

∠BDC＝180°－(20°＋100°)

＝60°

(2) △ABD が二等辺三角形だから，

AB＝AD，

∠ABF＝∠ADE である。

∠BAF＝∠DAE が示せれば，

△ABF≡△ADE

が証明できる。

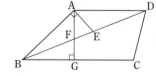

❶ △AOD と △COB で，

仮定より，　AD＝CB ……①

平行線の錯角は等しいから，AD∥BC より，

　　　∠OAD＝∠OCB ……②

　　　∠ODA＝∠OBC ……③

①，②，③より，1組の辺とその両端の角が

それぞれ等しいから，

　　　△AOD≡△COB

したがって，AO＝CO

　　　　　　DO＝BO

すなわち，平行四辺形の対角線は，それぞれ

の中点で交わる。

❷ (1) $x＝7$, $y＝130$　(2) $x＝4$, $y＝5$

❸ (1) △ABE と △CDF で，

平行四辺形の対辺は等しいから，

　　　AB＝CD ……①

仮定より，　BE＝DF ……②

平行線の錯角は等しいから，AB∥DC

より，　∠ABE＝∠CDF ……③

①，②，③より，2組の辺とその間の角

がそれぞれ等しいから，

　　　△ABE≡△CDF

したがって，∠AEB＝∠CFD

(2) (1)より，∠AEB＝∠CFD ……①

また，　∠AEF＝180°−∠AEB ……②

　　　∠CFE＝180°−∠CFD ……③

①，②，③より，∠AEF＝∠CFE

錯角が等しいから，　AE∥CF

――― 解説 ―――

❷ (1) 平行四辺形の対辺の長さは等しいから，

AB＝DC　したがって，$x＝7$

平行四辺形の対角は等しいから，

∠B＝∠D　したがって，$y＝130$

(2) 平行四辺形の対角線はそれぞれの中点で交わ

るから，対角線の交点をOとすると，

BO＝DO　したがって，$x＝4$

CO＝AO　したがって，$y＝5$

ポイント

平行四辺形の性質

・2組の対辺はそれぞれ等しい。

・2組の対角はそれぞれ等しい。

・対角線はそれぞれの中点で交わる。

❶ △ABD と △CDB で，

仮定より，　AB＝CD ……①

共通な辺だから，BD＝DB ……②

平行線の錯角は等しいから，AB∥DC より，

　　　∠DBA＝∠BDC ……③

①，②，③より，2組の辺とその間の角がそ

れぞれ等しいから，

　　　△ABD≡△CDB

したがって，∠ADB＝∠CBD

錯角が等しいから，

　　　AD∥BC ……④

仮定より，　AB∥DC ……⑤

④，⑤より，2組の対辺がそれぞれ平行だか

ら，四角形 ABCD は平行四辺形である。

❷ ㋐，㋔

❸ 仮定より，　∠BAD＝∠DCB ……①

　　　∠EAD＝$\frac{1}{2}$∠BAD ……②

　　　∠FCB＝$\frac{1}{2}$∠DCB ……③

①，②，③より，∠EAD＝∠FCB ……④

AD∥BC で，平行線の錯角は等しいから，

　　　∠EAD＝∠AEB ……⑤

④，⑤より，∠FCB＝∠AEB

同位角が等しいから，AE∥FC ……⑥

AD∥BC と⑥より，2組の対辺がそれぞれ平

行だから，四角形 AECF は平行四辺形である。

❹ 仮定より，　AD＝BC ……①

　　　AE＝CF ……②

また，　ED＝AD−AE ……③

　　　BF＝BC−CF ……④

①，②，③，④より，

　　　ED＝BF ……⑤

仮定より，　AD∥BC

したがって，ED∥BF ……⑥

⑤，⑥より，1組の対辺が平行で長さが等し

いから，四角形 EBFD は平行四辺形である。

――― 解説 ―――

❶ 参考 AC と BD の交点をOとして，

△AOB≡△COD より AO＝CO，BO＝DO

これより，四角形 ABCD が平行四辺形である

ことを証明することもできる。

② ⑦ 1組の対辺が平行で長さが等しいから，四角形 ABCD は平行四辺形である。

⑦ 対辺の長さが等しくないので，四角形 ABCD は平行四辺形ではない。

⑦ 対角線がそれぞれの中点で交わっていないので四角形 ABCD は平行四辺形ではない。

⑦ 2組の対角がそれぞれ等しいから，四角形 ABCD は平行四辺形である。

ポイント

平行四辺形になるための条件
・2組の対辺がそれぞれ平行である。
・2組の対辺がそれぞれ等しい。
・2組の対角がそれぞれ等しい。
・対角線がそれぞれの中点で交わる。
・1組の対辺が平行で長さが等しい。

③ △ABE≡△CDF（1組の辺とその両端の角がそれぞれ等しい）から，AF＝CE を証明し，1組の対辺が平行で長さが等しいことを示してもよい。

④ △ABE≡△CDF（2組の辺とその間の角がそれぞれ等しい）から，BE＝DF を証明し，2組の対辺がそれぞれ等しいことを示してもよい。

p.86〜87 〓〓ステージ**1**

① ⑦ DC   ⑦ DCB   ⑦ CB
⑦ 2組の辺とその間の角

② △ABO と △ADO で，
ひし形 ABCD を平行四辺形とみると，
AD∥BC で，錯角は等しいから，
　　　　　∠OCB＝∠OAD ……①
△ABC は BA＝BC の二等辺三角形だから，
　　　　　∠OCB＝∠OAB ……②
①，②より，　∠OAB＝∠OAD ……③
ひし形の4つの辺は等しいから，
　　　　　　AB＝AD ……④
共通な辺だから，OA＝OA ……⑤
③，④，⑤より，2組の辺とその間の角がそれぞれ等しいから，
　　　　　　△ABO≡△ADO
したがって，　∠BOA＝∠DOA＝90°
つまり，　AC⊥BD

③ (1) 長方形   (2) ひし形   (3) 正方形

解説

① ⑦ 長方形の対辺の長さは等しいことから。

⑦ ∠ABC に対応する △DCB の角は，∠DCB。

② **別解** 平行四辺形の対角線がそれぞれの中点で交わるから，BO＝DO
これと AB＝AD，OA＝OA より，
3組の辺がそれぞれ等しいから，
△ABO≡△ADO を示すことができる。

③ (1) 平行四辺形の2組の対角はそれぞれ等しいから，∠A＝∠C，∠B＝∠D
仮定より，∠A＝∠B
よって，∠A＝∠B＝∠C＝∠D
4つの角が等しいから，長方形。

(2) 平行四辺形の2組の対辺の長さはそれぞれ等しいから，AB＝DC，AD＝BC
仮定より，AB＝AD
よって，　AB＝BC＝CD＝DA
4つの辺の長さが等しいから，ひし形。

(3) 4つの角が等しく，4つの辺の長さが等しいから，正方形。

ポイント

特別な平行四辺形
・4つの辺が等しい四角形をひし形という。
・4つの角が等しい四角形を長方形という。
・4つの辺が等しく，4つの角が等しい四角形を正方形という。

p.88〜89 〓〓ステージ**1**

① ① EAC   ② DAC
③ EAC

②

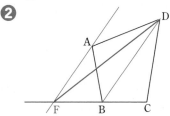

③ 四角形 ABCD は，
AB＝DC，AD＝BC より，2組の対辺がそれぞれ等しいので，平行四辺形である。
よって，AD∥BC
仮定より BC∥ℓ だから，
AD∥ℓ

したがって，上の箱の底面は，いつも置いた
面と平行である。

━━━━━━━━ 解 説 ━━━━━━━━

❷ 2点D，Bを結び，△DAB＝△DFB となるよ
うな点Fを半直線CB上に見つける。

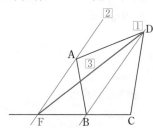

1 2点D，Bを直線で結ぶ。

2 点Aを通り直線DBに平行な直線をひき，半
直線CBとの交点をFとする。

3 2点D，Fを直線で結ぶ。

p.90〜91 ステージ**2**

❶ (1) 35°　　　　　　　(2) 4 cm

❷ △ABCと△EADで，
△ABEは AB＝AE だから，
　　　∠ABC＝∠AEB ……①
AD∥BC で錯角は等しいから，
　　　∠AEB＝∠EAD ……②
①，②より，∠ABC＝∠EAD ……③
仮定より，　　AB＝EA ……④
　　　　　　　BC＝AD ……⑤
③，④，⑤より，2組の辺とその間の角がそ
れぞれ等しいから，
　　　△ABC≡△EAD

❸ △BPMと△CQMで，
仮定より，∠BPM＝∠CQM＝90° ……①
　　　　　MB＝MC ……②
対頂角は等しいから，
　　　　　∠PMB＝∠QMC ……③
①，②，③より，直角三角形の斜辺と1つの
鋭角がそれぞれ等しいから，
　　　△BPM≡△CQM
よって，　PM＝QM ……④
②，④より，対角線がそれぞれの中点で交わ
るから，四角形BPCQは平行四辺形である。

❹ ひし形

❺ △EBD，△FBD，△FCD

❻

❼ (1) △EBGと△EDFで，
仮定より，EB＝ED ……①
対頂角は等しいから，
　　　　　∠GEB＝∠FED ……②
AD∥BC で，錯角は等しいから，
　　　　　∠EBG＝∠EDF ……③
①，②，③より，1組の辺とその両端の
角がそれぞれ等しいから，
　　　△EBG≡△EDF
したがって，
　　　　　BG＝DF

(2) 仮定から，BD∥GI ……①
AD∥BC より，DI∥BG ……②
①，②より，2組の対辺がそれぞれ平行
だから，四角形DBGIは平行四辺形であ
る。

(3) △FHDと△IHDで，
共通な辺だから，DH＝DH ……①
四角形ABCDは長方形だから，
　　　　　∠FDH＝90° ……②
∠FDI＝180° より，
　　　　　∠IDH＝90° ……③
②，③より，∠FDH＝∠IDH ……④
(1)より，　　BG＝DF ……⑤
(2)より，四角形DBGIは平行四辺形だか
ら，　　　DI＝BG ……⑥
⑤，⑥より，　DF＝DI ……⑦
①，④，⑦より，2組の辺とその間の角
がそれぞれ等しいから，
　　　△FHD≡△IHD
したがって，　FH＝IH ……⑧
⑧より，FH＋GH＝IH＋GH＝GI だか
ら，　　　FH＋GH＝GI ……⑨
(2)より，GI＝BD だから，
これと⑨より，FH＋GH＝BD となる。

・・・・・・

① 四角形 ABCD は平行四辺形だから，

AO＝CO ……①　　BO＝DO ……②

仮定より　AE＝CF ……③

EO＝AO－AE ……④

FO＝CO－CF ……⑤

①，③，④，⑤より，

EO＝FO ……⑥

②，⑥より，四角形 EBFD は対角線がそれぞれの中点で交わるから，平行四辺形である。

━━━━━━━ 解 説 ━━━━━━━

❶ (1)　AD∥BC より，錯角は等しいから，

∠AEB＝∠EBC

仮定より，∠EBC＝∠ABE

したがって，∠AEB＝∠ABE

△ABE は二等辺三角形になるから，

$\angle \text{AEB}=(180°-110°)\times\dfrac{1}{2}=35°$

(2)　AB∥FC より，錯角は等しいから，

∠CFB＝∠ABE＝∠CBF

したがって，∠CBF＝∠CFB より，△CBF は

CB＝CF の二等辺三角形だから，

DF＝CF－CD＝10－6＝4（cm）

CF＝CB＝10 cm　　CD＝AB＝6 cm

❹ △BOG と △DOE で，

BO＝DO，∠BOG＝∠DOE，

∠OBG＝∠ODE

これより，△BOG≡△DOE

したがって，GO＝EO

同様に，△AOF≡△COH より，

FO＝HO

対角線がそれぞれの中点で交わるから，四角形 EFGH は平行四辺形である。

さらに，EG⊥FH であり，対角線が垂直に交わる平行四辺形だから，四角形 EFGH はひし形である。

ポイント

平行四辺形の対角線はそれぞれの中点で交わるという性質がある。この性質に，対角線が垂直に交わるという性質を加えると，ひし形となる。

❺ AB∥DC より，△EBC＝△EBD

EF∥BD より，△EBD＝△FBD

AD∥BC より，△FBD＝△FCD

❻ M は辺 BC の中点なので，直線 AM は △ABC の面積を2等分する。

点 M を通り AP に平行な直線と辺 AB の交点を Q とすると，

△AQM＝△PQM

△ABM＝△AQM＋△QBM

△QBP＝△PQM＋△QBM

より，△ABM＝△QBP

よって，直線 PQ が △ABC の面積を2等分する。

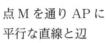

作図の方法は，

① 2点 A，P を直線で結ぶ。

② 点 M を通り，直線 AP に平行な直線をひき，辺 AB との交点を Q とする。

③ 2点 Q，P を直線で結ぶ。

❼ (3)　三角形の合同を使って，FH＝IH を証明する。

これにより，

FH＋GH＝IH＋GH＝GI となる。

四角形 DBGI が平行四辺形であれば，GI＝BD となるので，

FH＋GH＝BD がいえる。

ポイント

平行四辺形と長方形の性質を整理して，証明に利用する。長方形は4つの角が等しい四角形で，4つの角はすべて 90° であることに着目しよう。

① 平行四辺形の対角線がそれぞれの中点で交わることに着目する。

平行四辺形，ひし形，長方形，正方形の性質は覚えておこう。

p.92~93 ═ ステージ**3**

❶ (1)　110°　　　　　　(2)　4 cm

❷ (1)　$x+2=5$ ならば，$x=3$ である。
　　　正しい。
　(2)　面積が等しい2つの三角形は，合同である。
　　　正しくない。

❸ 仮定より，　∠BAD=∠DAE ……①
　AB∥ED で錯角は等しいから，
　　　　　　　∠BAD=∠ADE ……②
　①，②より，∠DAE=∠ADE
　2つの角が等しいので，△ADE は二等辺三角形である。

❹ △ABE と △ADC で，
　仮定より，　　AB=AD ……①
　　　　　　　　EA=CA ……②
　　　　　　∠EAB=∠CAB+60° ……③
　　　　　　∠CAD=∠CAB+60° ……④
　③，④より，∠EAB=∠CAD ……⑤
　①，②，⑤より，2組の辺とその間の角がそれぞれ等しいので，
　　　　　　　△ABE≡△ADC

❺ △BDE と △CDF で，
　二等辺三角形の底角だから，
　　　　　　　∠EBD=∠FCD ……①
　仮定より，　BD=CD ……②
　　　　　　∠DEB=∠DFC=90° ……③
　①，②，③より，直角三角形の斜辺と1つの鋭角がそれぞれ等しいから，
　　　　　　　△BDE≡△CDF
　したがって，DE=DF

❻ (1)　180°−x°
　(2)　△ABE と △CDF で，
　　　仮定より，AB=CD ……①
　　　　　　　　BE=DF ……②
　　　AB∥DC で錯角は等しいから，
　　　　　　　∠ABE=∠CDF ……③
　　　①，②，③より，2組の辺とその間の角がそれぞれ等しいから，
　　　　　　　△ABE≡△CDF
　　　したがって，AE=CF

❼ 仮定より，　　　AD=BC ……①
　　　　　　　　　AE=$\frac{1}{2}$AD ……②
　　　　　　　　　FC=$\frac{1}{2}$BC ……③
　①，②，③より，AE=FC ……④
　また，　　　　　AE∥FC ……⑤
　④，⑤より，1組の対辺が平行で長さが等しいから，四角形 AFCE は平行四辺形である。

❽ (1)　ひし形　　　　(2)　長方形

❾ △ABO，△CDO

═══════════ 解 説 ═══════════

❶ (1)　∠BCA=∠BAC=55°
　　　　∠x=∠BCA+∠BAC=110°
　(2)　二等辺三角形の頂角の二等分線は，底辺を垂直に2等分するから，
　　　　AD=$\frac{1}{2}$AC=4 (cm)

❷ 「□□□ならば○○○」に対して，「○○○ならば□□□」を「逆」という。あることがらが正しくても，その逆も正しいとは限らない。

❹ 正三角形の性質より，∠EAB と ∠CAD は，どちらも ∠CAB+60° になることに注目する。

❻ (1)　平行四辺形の2組の対角はそれぞれ等しいから，∠ABC=∠ADC=x°，∠BAD=∠BCD
　　　四角形の内角の和は 360° だから，
　　　$\underbrace{∠ABC+∠ADC}_{2x°}+\underbrace{∠BAD+∠BCD}_{2∠BAD}=360°$
　　　$2x°+2∠BAD=360°$
　　　∠BAD=180°−x°
　(2)　次のように証明してもよい。
　　　仮定より，BE=DF ……①
　　　四角形 AECF の対角線の交点をOとする。
　　　四角形 ABCD が平行四辺形だから，
　　　　　　　AO=CO ……②
　　　　　　　BO=DO ……③
　　　また，EO=BO−BE，FO=DO−DF なので，これと①，③より，
　　　　　　　EO=FO ……④
　　　②，④より，四角形 AECF は対角線がそれぞれの中点で交わるから，平行四辺形である。平行四辺形の対辺は等しいから，
　　　AE=CF である。

⑧ (1) 2組の対角線がそれぞれの中点で交わり，1組の隣り合う辺が等しい。

(2) 1つの角が直角の平行四辺形。

⑨ AB∥OE より，△ABE と △ABO は底辺 AB が共通で高さが等しいから，

△ABE＝△ABO

底辺 AD が共通で高さが等しいから，

△ABD＝△ACD

△ABO＝△ABD－△AOD

△CDO＝△ACD－△AOD

したがって，

△ABO＝△CDO

得点アップの コツ

面積が等しい三角形を見つける問題では，平行線と面積の関係を利用するだけでなく，面積が等しい2つの三角形にふくまれる共通な三角形の面積をひくことも多い。

p.94〜95 ≡ ステージ1

❶ △EAC と △BDC で，

△ACD は正三角形だから，

AC＝DC ……①

△ECB は正三角形だから，

EC＝BC ……②

∠ACE＝60°－∠ECD ……③

∠DCB＝60°－∠ECD ……④

③，④より，

∠ACE＝∠DCB ……⑤

①，②，⑤より，2組の辺とその間の角がそれぞれ等しいから，

△EAC≡△BDC

したがって，AE＝DB

❷ △EAC と △BDC で，

△ACD，△BCE は直角二等辺三角形だから，

AC＝DC ……①

EC＝BC ……②

∠ECA＝∠BCD＝90° ……③

①，②，③より，2組の辺とその間の角がそれぞれ等しいから，

△EAC≡△BDC

したがって，AE＝DB

❸ △EAC と △BDC で，

四角形 ACDF はひし形だから，

AC＝DC ……①

四角形 CBGE はひし形だから，

EC＝BC ……②

仮定より，∠DCA＝∠ECB ……③

また，∠ECA＝∠DCA＋∠ECD ……④

∠BCD＝∠ECB＋∠ECD ……⑤

③，④，⑤より，

∠ECA＝∠BCD ……⑥

①，②，⑥より，2組の辺とその間の角がそれぞれ等しいから，

△EAC≡△BDC

したがって，AE＝DB

❹ (1) 台形 (2) 五角形

(3) ひし形

◀━━━━━━ 解説 ━━━━━━▶

❷ 直角三角形の合同を証明するとき，直角三角形の合同条件を使うとは限らない。直角三角形の直角も1つの角と考えて等しい角を探すとよい。

❹ (2) 右の図のような五角形になる。

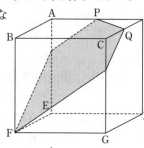

(3) 右の図のような，ひし形になる。

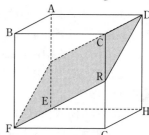

❶，❸は角度が等しいことを求めることで証明するんだね。

6章 確率

p.96〜97 ステージ1

❶ (1) 同様に確からしい。

(2) 同様に確からしいとはいえない。

❷ (1) $\dfrac{1}{3}$　　(2) $\dfrac{1}{3}$　　(3) $\dfrac{1}{2}$

❸ (1) $\dfrac{3}{10}$　　(2) $\dfrac{1}{2}$　　(3) $\dfrac{2}{5}$

(4) 1　　　(5) 0

━━ 解説 ━━

❷ さいころの出る目は，全部で 1，2，3，4，5，6 の 6 通り。
$\underset{n}{}$

(1) 1 または 5 が出るのは 2 通り。
$\underset{a}{}$

したがって，求める$\underset{p}{\text{確率}}$は，$\dfrac{\overset{a}{2}}{\underset{n}{6}}=\dfrac{1}{3}$

(2) 4 より大きい目は 5，6 の 2 通り。

したがって，求める確率は，$\dfrac{2}{6}=\dfrac{1}{3}$

ミス注意! 4 より大きい目だから，4 の目をふくまないことに注意する。

(3) 奇数の目は 1，3，5 の 3 通り。

したがって，求める確率は，$\dfrac{3}{6}=\dfrac{1}{2}$

答えが約分できるときは，約分するんだよ。

❸ 起こりうるすべての場合は 1，2，3，4，5，6，7，8，9，10 の 10 通り。

(1) 3 の倍数が書かれた玉は 3，6，9 の 3 通りだから，求める確率は，$\dfrac{3}{10}$

(2) 偶数が書かれた玉は 2，4，6，8，10 の 5 通りだから，求める確率は，$\dfrac{5}{10}=\dfrac{1}{2}$

(3) 10 の約数が書かれた玉は 1，2，5，10 の 4 通りだから，求める確率は，$\dfrac{4}{10}=\dfrac{2}{5}$

(4) 10 以下の数が書かれた玉は 1，2，3，4，5，6，7，8，9，10 の 10 通りだから，求める確率は，$\dfrac{10}{10}=1$

(5) 0 が書かれた玉は入っていないから，求める確率は，$\dfrac{0}{10}=0$

p.98〜99 ステージ1

❶ (1) A … $\dfrac{1}{2}$，B … $\dfrac{1}{2}$

(2) （例）当たりやすさは，3 人とも同じ。

❷ $\dfrac{1}{20}$

❸ (1)

B\A	1	2	3	4	5	6
1	2	3	4	5	6	7
2	3	4	5	6	7	8
3	4	5	6	7	8	9
4	5	6	7	8	9	10
5	6	7	8	9	10	11
6	7	8	9	10	11	12

(2) $\dfrac{5}{36}$　　(3) $\dfrac{5}{12}$　　(4) $\dfrac{1}{4}$

━━ 解説 ━━

❶ 当たりを①，②，はずれを③，④と区別し，A，B のくじの引き方を樹形図にかくと，右のようになる。
図から，A，B のくじの引き方は，全部で 12 通り

(1) A が当たりを引くのは，図の○印の 6 通りだから，A が当たりを引く確率は，

$\dfrac{6}{12}=\dfrac{1}{2}$

B が当たりを引くのは，図の☆印の 6 通りだから，B が当たりを引く確率は，

$\dfrac{6}{12}=\dfrac{1}{2}$

樹形図をかくと数えもれや，重複を防ぎやすいね。

6章

(2) 3人のくじの引き方は，下の図のようになる。

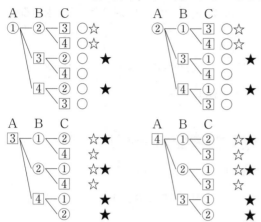

（○ …Aが当たる，☆ …Bが当たる，★ …Cが当たる）

図から，A，B，C のそれぞれが当たりを引く確率は，

すべて，$\dfrac{12}{24}=\dfrac{1}{2}$

つまり，当たりやすさは，3人とも同じである。

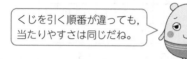

くじを引く順番が違っても，当たりやすさは同じだね。

❷ 委員長と副委員長の選び方を樹形図にかくと，下のようになる。

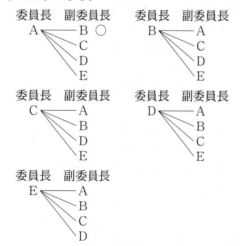

図から，委員長，副委員長の選び方は，全部で20通りで，Aが委員長，Bが副委員長に選ばれるのは図の○印の1通りだから，

求める確率は，$\dfrac{1}{20}$

❸ (2) (1)より，起こりうるすべての場合は36通り。出る目の数の和が6になるのは(1，5)，(2，4)，(3，3)，(4，2)，(5，1)の5通りだから，

求める確率は，$\dfrac{5}{36}$

(3) (1)より，出る目の数の和が8以上になるのは15通りだから，

求める確率は，$\dfrac{15}{36}=\dfrac{5}{12}$

(4) 出る目の数の和は2以上12以下だから，4の倍数は4，8，12である。(1)より，和が4，8，12になるのは9通りだから，

求める確率は，$\dfrac{9}{36}=\dfrac{1}{4}$

p.100〜101 ステージ1

❶ (1) {A，B}，{A，C}，{A，D}，
{A，E}，{A，F}，{B，C}，{B，D}，
{B，E}，{B，F}，{C，D}，{C，E}，
{C，F}，{D，E}，{D，F}，{E，F}

(2) $\dfrac{1}{5}$　　　(3) $\dfrac{3}{5}$

❷ (1) $\dfrac{1}{5}$　　　(2) $\dfrac{1}{5}$

❸ (1) $\dfrac{3}{5}$　　　(2) $\dfrac{1}{5}$　　　(3) $\dfrac{4}{5}$

━━━━ 解説 ━━━━

❶ 赤玉Aと青玉Dを取り出すことを{赤A，青D}と表すと，玉のすべての取り出し方は次のようになり，その数は15通りである。

{赤A，赤B}，{赤A，赤C}，{赤A，青D}，
{赤A，青E}，{赤A，青F}，{赤B，赤C}，
{赤B，青D}，{赤B，青E}，{赤B，青F}，
{赤C，青D}，{赤C，青E}，{赤C，青F}，
{青D，青E}，{青D，青F}，{青E，青F}

(2) 2個とも赤玉なのは，{赤A，赤B}，{赤A，赤C}，{赤B，赤C}の3通りだから，求める確率は，$\dfrac{3}{15}=\dfrac{1}{5}$

(3) 赤玉，青玉が1個ずつなのは9通りだから，

求める確率は，$\dfrac{9}{15}=\dfrac{3}{5}$

❷ 1, 2のカードを引くことを{1, 2}と表すと, カードのすべての引き方は次のようになり, 15通りである。

{1, 2}, {1, 3}, {1, 4}, {1, 5}, {1, 6},
{2, 3}, {2, 4}, {2, 5}, {2, 6},
{3, 4}, {3, 5}, {3, 6},
{4, 5}, {4, 6},
{5, 6}

(1)　2枚とも偶数なのは{2, 4}, {2, 6}, {4, 6}の3通りだから, 求める確率は, $\dfrac{3}{15}=\dfrac{1}{5}$

(2)　2枚のカードの数の和が7となるのは{1, 6}, {2, 5}, {3, 4}の3通りだから, 求める確率は, $\dfrac{3}{15}=\dfrac{1}{5}$

❸ 3人の男子をA, B, C, 女子をD, E, Fとし, AとBが選ばれることを{男A, 男B}と表すと, すべての選び方は次のようになり, 15通りである。

{男A, 男B}, {男A, 男C}, {男A, 女D},
{男A, 女E}, {男A, 女F}, {男B, 男C},
{男B, 女D}, {男B, 女E}, {男B, 女F},
{男C, 女D}, {男C, 女E}, {男C, 女F},
{女D, 女E}, {女D, 女F}, {女E, 女F}

もれがないように
書き出そう。

(1)　男子と女子が1人ずつ選ばれるのは9通りだから, 求める確率は, $\dfrac{9}{15}=\dfrac{3}{5}$

(2)　女子2人が選ばれるのは3通りだから, 求める確率は, $\dfrac{3}{15}=\dfrac{1}{5}$

(3)　(少なくとも男子1人が選ばれる確率)
　＝1－(女子2人が選ばれる確率)

　(2)より, 女子2人が選ばれる確率は$\dfrac{1}{5}$だから, 求める確率は, $1-\dfrac{1}{5}=\dfrac{4}{5}$

ポイント
あることがらAについて, 次の関係が成り立つ。
(Aの起こらない確率)＝1－(Aの起こる確率)

---

p.102~103 ステージ2

❶ (例) 正しいとはいえない。確率は, 起こると期待される程度を数で表したものであり, かならず起こるということではないため。

❷ (1) $\dfrac{2}{3}$　　(2) $\dfrac{3}{13}$　　(3) $\dfrac{1}{2}$

❸ (1) $\dfrac{2}{9}$　　(2) $\dfrac{1}{3}$

❹ (1) $\dfrac{2}{5}$　　(2) $\dfrac{1}{2}$　　(3) $\dfrac{7}{20}$

❺ (1) $\dfrac{2}{5}$　　(2) $\dfrac{1}{3}$　　(3) $\dfrac{4}{5}$

❻ (1) $\dfrac{2}{7}$　　(2) $\dfrac{1}{21}$

❼ (1) $\dfrac{1}{36}$　　(2) $\dfrac{5}{36}$

• • • • •

① (1) $\dfrac{15}{16}$　　(2) $\dfrac{7}{16}$

━━━━━ 解説 ━━━━━

❷ (1)　さいころの出る目は6通り。その中で, 3以上の目は, 3, 4, 5, 6の4通りだから, 求める確率は,
$\dfrac{4}{6}=\dfrac{2}{3}$

(2)　5以上10以下の赤のマークは, ハート (♥) の5, 6, 7, 8, 9, 10, ダイヤ (♦) の5, 6, 7, 8, 9, 10の12通りだから, 求める確率は,
$\dfrac{12}{52}=\dfrac{3}{13}$

5以上10以下だから,
5と10をふくむよ。

(3)　玉の出方を整理して樹形図にかくと, 次のようになり, 起こりうるすべての場合は4通り。
赤玉と青玉が1個ずつ出るのは,
(Aが赤, Bが青)のときと
(Aが青, Bが赤)のときの2通り
だから, 求める確率は,
$\dfrac{2}{4}=\dfrac{1}{2}$

```
      A      B
赤 ＜ 赤
       青
青 ＜ 赤
       青
```

3 2個のさいころを投げたときの出る目の数の差を表にすると，次のようになり，すべての目の出方は 36 通りである。

	1	2	3	4	5	6
1	0	1	2	3	4	5
2	1	0	1	2	3	4
3	2	1	0	1	2	3
4	3	2	1	0	1	2
5	4	3	2	1	0	1
6	5	4	3	2	1	0

(1) 上の表より，出る目の数の差が 2 になるのは (1, 3), (2, 4), (3, 1), (3, 5), (4, 2), (4, 6), (5, 3), (6, 4) の 8 通りだから，求める確率は，$\dfrac{8}{36} = \dfrac{2}{9}$

(2) 上の表より，出る目の数の差が 3 以上になるのは (1, 4), (1, 5), (1, 6), (2, 5), (2, 6), (3, 6), (4, 1), (5, 1), (5, 2), (6, 1), (6, 2), (6, 3) の 12 通りだから，求める確率は，$\dfrac{12}{36} = \dfrac{1}{3}$

4 できる 2 桁の整数を樹形図にかくと，次のように 20 通りとなる。

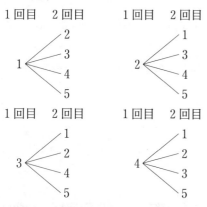

(1) 上の樹形図より，3 でわりきれるのは，12, 15, 21, 24, 42, 45, 51, 54 の 8 通りだから，求める確率は，$\dfrac{8}{20} = \dfrac{2}{5}$

(2) 前の樹形図より，十の位の数が一の位の数より大きくなるのは，21, 31, 32, 41, 42, 43, 51, 52, 53, 54 の 10 通りだから，求める確率は，$\dfrac{10}{20} = \dfrac{1}{2}$

(3) 前の樹形図より，42 以上になるのは，42, 43, 45, 51, 52, 53, 54 の 7 通りだから，求める確率は，$\dfrac{7}{20}$

5 赤玉を赤 1，赤 2，青玉を青 1，青 2，青 3，白玉を白 1 と表して玉の取り出し方を整理すると，次のように，15 通りになる。

{赤 1，赤 2}，{赤 1，青 1}，{赤 1，青 2}，
{赤 1，青 3}，{赤 1，白 1}，{赤 2，青 1}，
{赤 2，青 2}，{赤 2，青 3}，{赤 2，白 1}，
{青 1，青 2}，{青 1，青 3}，{青 1，白 1}，
{青 2，青 3}，{青 2，白 1}，{青 3，白 1}

(1) 赤玉と青玉が 1 個ずつの場合は 6 通りだから，求める確率は，$\dfrac{6}{15} = \dfrac{2}{5}$

(2) 白玉が 1 個なのは 5 通りだから，求める確率は，$\dfrac{5}{15} = \dfrac{1}{3}$

(3) 青玉が 1 個もないのは {赤 1，赤 2}，{赤 1，白 1}，{赤 2，白 1} の 3 通りだから，求める確率は，
$1 - \dfrac{3}{15} = 1 - \dfrac{1}{5} = \dfrac{4}{5}$

ミス注意！ 玉の取り出し方を {赤，赤}，{赤，青}，{赤，白}，{青，青}，{青，白} の 5 通りとしないこと。赤玉 2 個と青玉 3 個を区別する。

6 当たりを①，②，はずれを ③，④，⑤，⑥，⑦ として，くじの引き方を樹形図にかくと，次のようになる。

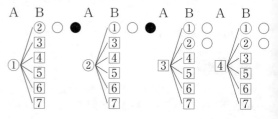

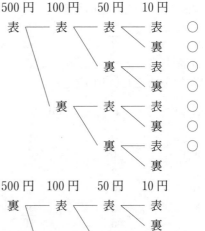

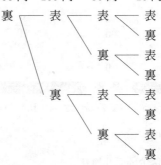

```
A  B     A  B     A  B
   ①○        ①○        ①○
   ②○        ②         ②○
5  ③     6  ③     7  ③
   ④        ④        ④
   ⑥        ⑤        ⑤
   ⑦        ⑦        ⑥
```

くじの引き方は，全部で42通り

(1) Bが当たるのは，図の○印の 12 通りだから，

求める確率は，$\dfrac{12}{42}=\dfrac{2}{7}$

(2) AもBも当たるのは，図の●印の 2 通りだから，

求める確率は，$\dfrac{2}{42}=\dfrac{1}{21}$

❼ さいころの目によって，次のようになることに
気がつくと，効率よく調べることができる。

● 2 回とも偶数の目が出た場合

　→ 点Pの位置は正で，絶対値は偶数

●偶数の目と奇数の目が 1 回ずつ出た場合

　→ 点Pの位置の絶対値は奇数

● 2 回とも奇数の目が出た場合

　→ 点Pの位置は負で，絶対値は偶数

また，すべての目の出方は 36 通り。

(1) 点Pが 4 の位置にくるのは，2 回とも偶数の
目が出たとき。偶数で目の和が 4 になるのは，
(2, 2)のときだけだから，

求める確率は，$\dfrac{1}{36}$

(2) 点Pが 4，5，6 の位置にくるときの，さいこ
ろの目の出方を順に調べると，次の 5 通りであ
る。

4 … (2, 2)

5 … (1, 6)，(6, 1)

6 … (2, 4)，(4, 2)

したがって，求める確率は，$\dfrac{5}{36}$

さいころを 2 回投げるときは，
表をかいてもいいね。

① 表裏の出方を樹形図にかくと下の図のようにな
り，全部で 16 通り。

(1) 上の図より，少なくとも 1 枚は裏が出る場合
を考える。これはすべて表が出る 1 通り以外の
15 通りだから，

$\dfrac{15}{16}$

別解 すべてが表となる確率は $\dfrac{1}{16}$ だから，

$1-\dfrac{1}{16}=\dfrac{15}{16}$

と求めてもよい。

(2) 上の図より，表が出た金額の合計が 510 円以
上になるのは，

○印をつけた 7 通り

よって，求める確率は，

$\dfrac{7}{16}$

510 円以上になるのは，
500 円硬貨が表となる
ときだけだね。

p.104～105 ステージ**3**

1 ⑦ 同様に確からしいとはいえない。
　⑦ 同様に確からしいといえる。

2 (1) $\dfrac{1}{5}$　　(2) $\dfrac{1}{3}$　　(3) $\dfrac{3}{13}$

3 (1) 20通り
　(2) 同様に確からしいといえる。
　(3) $\dfrac{3}{10}$　　(4) 1　　(5) 0

4 (1) $\dfrac{1}{6}$　　(2) $\dfrac{1}{18}$　　(3) $\dfrac{1}{6}$

5 (1) $\dfrac{3}{10}$　　(2) $\dfrac{2}{5}$

6 (1) $\dfrac{3}{5}$　　(2) $\dfrac{2}{5}$　　(3) $\dfrac{9}{10}$

7 (1) $\dfrac{1}{12}$　　(2) $\dfrac{2}{9}$

━━━━━◆ 解 説 ◆━━━━━

2 (1) 起こりうるすべての場合は，4＋16＝20 (通り)
　　求める確率は，$\dfrac{4}{20}=\dfrac{1}{5}$

　(2) 目の出方は全部で6通り。
　　出る目の数が5以上であるのは，5，6の2通り。
　　求める確率は，$\dfrac{2}{6}=\dfrac{1}{3}$

　(3) 絵札は，スペード，クローバー，ハート，ダイヤで，それぞれ3枚ずつなので，12枚ある。
　　求める確率は，$\dfrac{12}{52}=\dfrac{3}{13}$

3 (3) 3の倍数は3，6，9，12，15，18の6通りだから，
　　求める確率は，$\dfrac{6}{20}=\dfrac{3}{10}$

　(4) 整数は20通りなので，
　　求める確率は，$\dfrac{20}{20}=1$

　(5) 21が書かれたカードはないから引くことはない。
　　したがって，求める確率は0

> あることがらが必ず起こるときの確率は1だったね。

4 目の出方は，全部で36通り。
　(1) 同じ目になるのは，(1，1)，(2，2)，(3，3)，(4，4)，(5，5)，(6，6)の6通り。
　　したがって，求める確率は，$\dfrac{6}{36}=\dfrac{1}{6}$

　(2) 出る目の数の和が11となるのは，(5，6)，(6，5)の2通り。
　　したがって，求める確率は，$\dfrac{2}{36}=\dfrac{1}{18}$

　(3) 出る目の数の差が3となるのは，(1，4)，(2，5)，(3，6)，(4，1)，(5，2)，(6，3)の6通り。
　　したがって，求める確率は，$\dfrac{6}{36}=\dfrac{1}{6}$

5 (1) 当たりを①，②，③，はずれを4，5としてくじの引き方を樹形図に表すと次のようになり，起こりうるすべての場合は20通り。

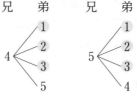

　兄と弟の2人とも当たりを引くのは，(①，②)，(①，③)，(②，①)，(②，③)，(③，①)，(③，②)の6通りだから，求める確率は，
　　$\dfrac{6}{20}=\dfrac{3}{10}$

　ミス注意! 兄が引いたくじを弟は引けないから，(①，①)，(②，②)，… という引き方はない。

　(2) 当番の選ばれ方は，次のように10通り。
　　{A，B}，{A，C}，{A，D}，{A，E}，
　　　　　{B，C}，{B，D}，{B，E}，
　　　　　　　　　{C，D}，{C，E}，
　　　　　　　　　　　　　{D，E}
　　Aが当番に選ばれるのは4通りだから，求める確率は，$\dfrac{4}{10}=\dfrac{2}{5}$

もれがないように，また，重複がないように起こりうるすべての場合を調べるためには，表や樹形図に整理するとよい。

6 赤玉を，赤1，赤2，赤3，青玉を，青1，青2として，玉の取り出し方を表すと，次のようになる。

{赤1，赤2}，{赤1，赤3}，{赤1，青1}，
{赤1，青2}，{赤2，赤3}，{赤2，青1}，
{赤2，青2}，{赤3，青1}，{赤3，青2}，
{青1，青2}

(1) 赤玉と青玉が1個ずつ出るのは6通りだから，求める確率は，$\dfrac{6}{10}=\dfrac{3}{5}$

(2) 同じ色の玉が2個出るのは4通りだから，求める確率は，$\dfrac{4}{10}=\dfrac{2}{5}$

(3) （少なくとも1個は赤玉が出る確率）
＝1－（青玉が2個出る確率）
青玉が2個出るのは1通りだから，その確率は $\dfrac{1}{10}$
したがって，$1-\dfrac{1}{10}=\dfrac{9}{10}$

7 (1) さいころの目の出方は全部で36通り。
石が1周してちょうど頂点Aに止まるのは，出た目の数の和が4になるときだから，
(1, 3)，(2, 2)，(3, 1)の3通りである。
したがって，求める確率は，
$\dfrac{3}{36}=\dfrac{1}{12}$

(2) ちょうど頂点Bで止まるのは，出た目の数の和が，（4の倍数)＋1，つまり，5，9のときだから，(1, 4)，(2, 3)，(3, 2)，(4, 1)，(3, 6)，(4, 5)，(5, 4)，(6, 3)の8通り。
したがって，求める確率は，
$\dfrac{8}{36}=\dfrac{2}{9}$

出た目の数の和が4の倍数のとき，ちょうど頂点Aに止まるね。

---

p.106〜107 ステージ**1**

1 (1) A組
　第1四分位数 … 19冊
　第2四分位数 … 39冊
　第3四分位数 … 56冊
　B組
　第1四分位数 … 25.5冊
　第2四分位数 … 35冊
　第3四分位数 … 50冊
　C組
　第1四分位数 … 19冊
　第2四分位数 … 31冊
　第3四分位数 … 45冊
　D組
　第1四分位数 … 18冊
　第2四分位数 … 23冊
　第3四分位数 … 30冊

(2) A組 … 37冊　　B組 … 24.5冊
　C組 … 26冊　　D組 … 12冊

(3) C組

2 (1) 範囲 … 76個
　四分位範囲 … 27個

(2) 範囲 … 43個
　四分位範囲 … 25個

(3) 範囲

解説

1 (1) A組
データが10個だから，
第2四分位数は少ないほうから5番目と6番目の平均。
第1四分位数は少ないほうから3番目，
第3四分位数は少ないほうから8番目のデータになる。

9　12　⑲　30　36｜42　50　㊶　60　65

第2四分位数は，36と42の平均で，
$\dfrac{36+42}{2}=39$（冊）
第1四分位数は19冊
第3四分位数は56冊

B組
データが 9 個だから，
第 2 四分位数は少ないほうから 5 番目，
第 1 四分位数は少ないほうから 2 番目と 3 番目の平均，
第 3 四分位数は少ないほうから 7 番目と 8 番目の平均になる。

10　22 | 29　31　㉟　40　48 | 52　70

第 2 四分位数は 35 冊，
第 1 四分位数は 22 と 29 の平均で，
$\frac{22+29}{2}=25.5$ (冊)
第 3 四分位数は 48 と 52 の平均で，
$\frac{48+52}{2}=50$ (冊)

C組
データが 11 個だから，
第 2 四分位数は少ないほうから 6 番目，
第 1 四分位数は少ないほうから 3 番目，
第 3 四分位数は少ないほうから 9 番目になる。

5　11　⑲　20　25　㉛　36　40　㊺　51　60

第 2 四分位数は 31 冊，
第 1 四分位数は 19 冊，
第 3 四分位数は 45 冊。

D組
データが 8 個だから，
第 2 四分位数は少ないほうから 4 番目と 5 番目の平均，
第 1 四分位数は少ないほうから 2 番目と 3 番目の平均，
第 3 四分位数は少ないほうから 6 番目と 7 番目の平均になる。

12　17 | 19　22 | 24　29 | 31　53

第 2 四分位数は，22 と 24 の平均で，
$\frac{22+24}{2}=23$ (冊)
第 1 四分位数は，17 と 19 の平均で，
$\frac{17+19}{2}=18$ (冊)
第 3 四分位数は，29 と 31 の平均で，
$\frac{29+31}{2}=30$ (冊)

ポイント
データを小さい順に並べたとき，真ん中が第 2 四分位数で，中央値と等しい。
データを 2 つに分けたとき，
小さいほうのグループの真ん中が，第 1 四分位数。
大きいほうのグループの真ん中が，第 3 四分位数。

(2)　A組 … $56-19=37$ (冊)
B組 … $50-25.5=24.5$ (冊)
C組 … $45-19=26$ (冊)
D組 … $30-18=12$ (冊)

(3)　四分位範囲が大きいほうが，中央値のまわりの散らばりぐあいが大きいといえる。

2 (1)　データを小さい順に並べると，

19　52　(59)　61　65　(72)　78　82　(86)　91　95

第 1 四分位数は 59 個，
第 2 四分位数は 72 個，
第 3 四分位数は 86 個
範囲は，$95-19=76$ (個)
四分位範囲は，$86-59=27$ (個)

(2)　I 店を除いたデータを小さい順に並べると，

52　59　(61)　65　72 | 78　82　(86)　91　95

第 2 四分位数は 72 と 78 の平均で，
$\frac{72+78}{2}=75$ (個)
第 1 四分位数は 61 個，
第 3 四分位数は 86 個，
範囲は，$95-52=43$ (個)
四分位範囲は，$86-61=25$ (個)

(3)　範囲は，I 店をふくむデータとふくまないデータでは 33 個違い，四分位範囲は，2 個違う。範囲の方が，極端なデータの影響を大きく受けることがわかる。

p.108〜109 ステージ 1

1 (1)
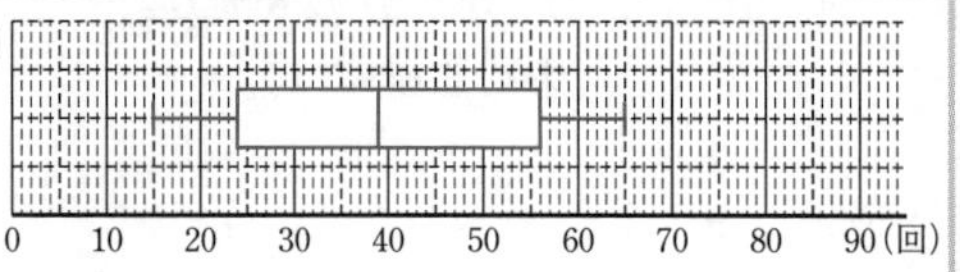

(2)　**1 組** … ㋐
2 組 … ㋑
3 組 … ㋒

2 ㋐，㋒

━━━ 解説 ━━━

❶ (1)

15 20 ㉔ 30 36 │ 42 50 ㊸ 60 65

第2分四分位数は，36と42の平均で，

$$\frac{36+42}{2}=39（回）$$

第1四分位数は24回，

第3四分位数は56回，

最小値は15回，最大値は65回。

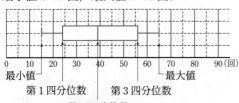

(2)　1組は70回以上の生徒がいるので，㋐

2組と3組では，2組の方が中央値が大きいの

で，2組は㋑，3組は㋒。

❷ 図1から，最大値が最も大きい月は7月だから，

㋐は正しい。

平均値が最も高い月は図2から8月だが，中央

値が最も高い月は図1から7月だから，㋑は正し

くない。

どの月の最小値も，0より大きいから，1個も

売れなかった日は1日もない。よって，㋒は正し

い。

> 図1を見ると，月の
> 中でのちらばり方が
> わかるね。

ポイント

箱ひげ図をかくには，

1 データを小さい順に並べる。

2 第1四分位数，第2四分位数，第3四分位数を
　求める。

3 最小値，第1四分位数，第2四分位数，第3四
　分位数，最大値の位置に縦線をひき，箱とひげを
　かく。

p.110〜111 ステージ②

❶ (1)

グループ	拾ったあきかんの個数（個）				
	最小値	第1四分位数	中央値	第3四分位数	最大値
A	2	5	7	18	21
B	1	2.5	7	12.5	25
C	5	8	10.5	17	21
D	3	9.5	11.5	18.5	24

(2)

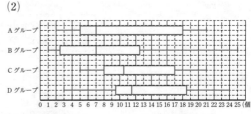

❷ (1)　第4回　　　　(2)　第1回

(3)　第5回　　　　(4)　第2回

(5)　第3回

❸ (1)　5月　　　　(2)　4月

(3)　2月　　　　(4)　1月

(5)　4月

━━━ 解説 ━━━

❶ (1)　Aグループの値を小さい順に並べると，

2 3 ⑤ 5 6 ⑦ 12 15 ⑱ 20 21

中央値（第2四分位数）は7個

第1四分位数は5個

第3四分位数は18個

　Bグループの値を小さい順に並べると，

1 1 2 │ 3 3 4 ⑦ 7 9 10 │ 15 22 25

中央値は7個

第1四分位数は，2と3の平均で，

$$\frac{2+3}{2}=2.5（個）$$

第3四分位数は，10と15の平均で，

$$\frac{10+15}{2}=12.5（個）$$

　Cグループの値を小さい順に並べると，

5 6 ⑧ 9 9 │ 12 16 ⑰ 20 21

中央値は，9と12の平均で，$\frac{9+12}{2}=10.5$（個）

第1四分位数は8個

第3四分位数は17個

　Dグループの値を小さい順に並べると，

3 5 9 │ 10 10 10 │ 13 15 15 │ 22 24 24

7
章

中央値は，10 と 13 の平均で，

$$\frac{10+13}{2}=11.5\,(個)$$

第 1 四分位数は，9 と 10 の平均で，

$$\frac{9+10}{2}=9.5\,(個)$$

第 3 四分位数は，15 と 22 の平均で，

$$\frac{15+22}{2}=18.5\,(個)$$

まず，データを小さい順に並べるんだね。

❷ 各回とも，箱ひげ図から，40 人ずつに区切った四分位数の位置がわかる。この値や最大値などをもとに，それぞれのテストが第何回か考える。

(1) 第 4 回は最大値が 100 点だから，100 点の生徒がいるのは，第 4 回。

(2) 第 1 回は第 1 四分位数が 60 点より大きいので，60 点以上の生徒が 120 人以上いる。

(3) 第 5 回は，中央値が 40 点より小さいから，40 点未満の生徒が半数以上いる。

(4) 第 2 回は，第 1 四分位数が 20 点より小さいから，20 点未満の生徒が 40 人以上いる。

(5) 第 3 回は，第 1 四分位数が 40 点より大きいから，40 点以下の人数は 40 人以下，第 3 四分位数が 60 点より小さいから，60 点以上の人数も 40 人以下である。

よって，40 点以下と 60 点以上の生徒を合わせると，80 人以下。

❸ (1) 図 2 から，平均値が最も高いのは 5 月。

(2) 図 1 から，中央値が最も高いのは 4 月。

(3) 図 1 において，2 月の最大値の日が，最も多く歩いた日である。

(4) 図 1 において，箱が 1 番小さい 1 月が，四分位範囲が最も小さい。

(5) 図 1 において，最大値と最小値の差（範囲）が最も大きい 4 月が，歩数の差も最も大きい。

p.112 ステージ3

❶ (1) A班
第 1 四分位数 … 9 分
第 2 四分位数 … 12 分
第 3 四分位数 … 18 分
四分位範囲 … 9 分
 B班
第 1 四分位数 … 6 分
第 2 四分位数 … 11.5 分
第 3 四分位数 … 13 分
四分位範囲 … 7 分

(2)

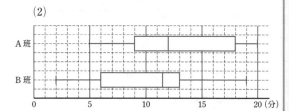

❷ (1) ⑦   (2) ⓘ

解説

❶ (1) A班のデータを小さい順に並べると，

5 7 ⑨ 10 12 | 12 15 ⑱ 19 20

第 2 四分位数は 12 と 12 の平均で 12 分，
第 1 四分位数は 9 分
第 3 四分位数は 18 分
四分位範囲は 18−9＝9（分）

 B班のデータを小さい順に並べると，

2 4 ⑥ 8 11 | 12 12 ⑬ 14 19

第 2 四分位数は 11 と 12 の平均で，

$$\frac{11+12}{2}=11.5\,(分)$$

第 1 四分位数は 6 分
第 3 四分位数は 13 分
四分位範囲は 13−6＝7（分）

❷ (1) 箱ひげ図のひげの部分が短くて，箱の部分が長いので，ヒストグラムは⑦

(2) データが大きいほう（右）にかたよっているので，ヒストグラムはⓘ

得点アップのコツ

・第 1 四分位数，第 2 四分位数，第 3 四分位数の求め方をしっかり覚える。
・使われる用語の意味を正確に覚える。

定期テスト対策　得点アップ！予想問題

p.114〜115　第1回

1
(1) $9a-8b$　　(2) $-3y^2-2y$
(3) $7x+4y$　　(4) $-7a-2b$
(5) $-2b$　　(6) $16x+16y+18$
(7) $1.3a$　　(8) $28x-30y$
(9) $\dfrac{22x-2y}{15}\left(=\dfrac{22}{15}x-\dfrac{2}{15}y\right)$
(10) $\dfrac{19x-y}{6}\left(=\dfrac{19}{6}x-\dfrac{1}{6}y\right)$

2
(1) $32xy$　　(2) $-45a^2b$
(3) $-5a^2$　　(4) $14a$
(5) $\dfrac{n}{4}$　　(6) $10xy$
(7) $\dfrac{2}{5}x$　　(8) $\dfrac{7}{6}a^3$

3
(1) -4　　(2) 2

4
(1) $a=\dfrac{3}{2}b-2$　　(2) $y=5x+\dfrac{19}{7}$
(3) $b=\dfrac{3}{2}a-3$　　(4) $b=-2a+5c$
(5) $a=-3b+\dfrac{\ell}{2}$　　(6) $c=\dfrac{V}{ab}$
(7) $a=\dfrac{2S}{h}-b$　　(8) $a=-5b+2c$

5 $\dfrac{39a+40b}{79}$ 点

6 連続する 4 つの整数は，n，$n+1$，$n+2$，
$n+3$ と表すことができる。
　4 つの整数の和から 2 をひくと，
　　$n+(n+1)+(n+2)+(n+3)-2$
$=4n+4$
$=4(n+1)$
$n+1$ は整数であるから，$4(n+1)$ は 4 の倍
数である。したがって，連続する 4 つの整数
の和から 2 をひいた数は 4 の倍数である。

解説

1
(6)
$$\begin{array}{r}34x+\ 4y+9\\ -)\ 18x-12y-9\\\hline 16x+16y+18\end{array}$$

$\boxed{\begin{array}{l}34x-18x=16x\\4y-(-12y)=16y\\9-(-9)=18\end{array}}$

(9) $\dfrac{1}{5}(4x+y)+\dfrac{1}{3}(2x-y)$
$=\dfrac{3(4x+y)+5(2x-y)}{15}$
$=\dfrac{12x+3y+10x-5y}{15}$
$=\dfrac{22x-2y}{15}\left(=\dfrac{22}{15}x-\dfrac{2}{15}y\right)$

(10) $\dfrac{9x-5y}{2}-\dfrac{4x-7y}{3}$
$=\dfrac{3(9x-5y)-2(4x-7y)}{6}$
$=\dfrac{27x-15y-8x+14y}{6}$
$=\dfrac{19x-y}{6}\left(=\dfrac{19}{6}x-\dfrac{1}{6}y\right)$

2
(2) $\underset{(-3a)\times(-3a)}{\underline{(-3a)^2}}\times(-5b)=9a^2\times(-5b)$
　　　　　　　　　　　$=-45a^2b$

(8) $-\dfrac{7}{8}a^2\div\dfrac{9}{4}b\times(-3ab)$
$=-\dfrac{7a^2}{8}\times\dfrac{4}{9b}\times(-3ab)$
$=\dfrac{7a^2\times\overset{1}{4}\times\overset{1}{3}a\overset{1}{b}}{\underset{2}{8}\times\underset{3}{9}\underset{1}{b}}$
$=\dfrac{7}{6}a^3$

3
(1) $4(3x+y)-2(x+5y)$
$=12x+4y-2x-10y$
$=10x-6y$
$=10\times\left(-\dfrac{1}{5}\right)-6\times\dfrac{1}{3}$
$=-4$

4
(7) $S=\dfrac{(a+b)h}{2}$　　⎫ 両辺に 2 をかける
$2S=(a+b)h$　　⎫ 左辺と右辺を入れかえる
$(a+b)h=2S$　　⎫ 両辺を h でわる
$a+b=\dfrac{2S}{h}$　　⎫ b を移項する
$a=\dfrac{2S}{h}-b$

5 （合計）＝（平均点）×（人数）だから，
A クラスの得点の合計は $39a$ 点，
B クラスの得点の合計は $40b$ 点。
よって，2 つのクラス全体の平均点は，
$\dfrac{39a+40b}{39+40}=\dfrac{39a+40b}{79}$（点）

1. $\dfrac{13}{5}$

2. (1) $x=1$, $y=2$

   (2) $x=-1$, $y=4$

   (3) $x=-1$, $y=3$

   (4) $x=2$, $y=-1$

   (5) $x=-3$, $y=2$

   (6) $x=-2$, $y=-1$

   (7) $x=5$, $y=10$

   (8) $x=3$, $y=2$

3. $x=2$, $y=-3$

4. $a=2$, $b=1$

5. コーヒー…4本, ジュース…6本

6. 64

7. 男子…77人, 女子…76人

8. 5 km

◀ **解 説** ▶

1. $x=6$ を $4x-5y=11$ に代入すると,

   $24-5y=11$　これを解いて, $y=\dfrac{13}{5}$

2. 上の式を①, 下の式を②とする。

   (3) ①×5 より, $25x-10y=-55$ ……③

   ②×2 より, $6x+10y=24$ ……④

   ③+④ より, $31x=-31$　$x=-1$

   (4) ①の $5y$ に②の $6x-17$ を代入すると,

   $3x+(6x-17)=1$

   これを解いて, $x=2$

   (5) ①×2 より, $2x+5y=4$ ……③

   ③×3 より, $6x+15y=12$ ……④

   ②×2 より, $6x+8y=-2$ ……⑤

   ④-⑤ より, $7y=14$　$y=2$

   (7) ①×10 より, $3x-2y=-5$ ……③

   ②×10 より, $6x+5y=80$ ……④

   ③×2 より, $6x-4y=-10$ ……⑤

   ⑤-④ より, $-9y=-90$　$y=10$

   (8) ①, ②のかっこをはずして整理すると,

   $x-4y=-5$ ……③

   $4x-6y=0$ ……④

   ③×4 より, $4x-16y=-20$ ……⑤

   ⑤-④ より, $-10y=-20$　$y=2$

3. $\begin{cases} 5x-2y=16 \\ 10x+y-1=16 \end{cases}$ の形に直して解く。

別解 $\begin{cases} 5x-2y=10x+y-1 \\ 10x+y-1=16 \end{cases}$

$\begin{cases} 5x-2y=10x+y-1 \\ 5x-2y=16 \end{cases}$ としてもよい。

4. 連立方程式に, $x=3$, $y=-4$ を代入すると,

   $\begin{cases} 3a+4b=10 \\ -4a+3b=-5 \end{cases}$ これを加減法で解く。

5. コーヒーを x 本, ジュースを y 本買ったとすると,

   $\begin{cases} x+y=10 \\ 130x+150y=1420 \end{cases}$

   これを解くと, $x=4$, $y=6$

6. もとの整数の十の位の数を x, 一の位の数を y とすると, もとの整数は $10x+y$, 十の位と一の位の数を入れかえてできる整数は, $10y+x$ と表される。

   $\begin{cases} 10x+y=7(x+y)-6 \\ 10y+x=10x+y-18 \end{cases}$

   これを解くと, $x=6$, $y=4$

   したがって, もとの整数は 64

7. 昨年の男子, 女子の新入生の人数をそれぞれ x 人, y 人とすると,

   $\begin{cases} x+y=150 \\ \dfrac{10}{100}x-\dfrac{5}{100}y=3 \end{cases}$ ← 昨年度の人数の関係
   ← 今年度増減した人数の関係

   これを解くと, $x=70$, $y=80$

   今年度の新入生の人数は,

   男子…$70\times\left(1+\dfrac{10}{100}\right)=77$（人）

   女子…$80\times\left(1-\dfrac{5}{100}\right)=76$（人）

得点アップのコツ

割合の問題では,「もとにする量」を x, y とおくと, 式が簡単になることが多い。

8. A地点から峠までの道のりを x km, 峠からB地点までの道のりを y km とする。

   $\begin{cases} \dfrac{x}{3}+\dfrac{y}{5}=\dfrac{76}{60} \\ \dfrac{x}{5}+\dfrac{y}{3}=\dfrac{84}{60} \end{cases}$ ← 行きの時間の関係
   ← 帰りの時間の関係

   これを解くと, $x=2$, $y=3$

   したがって, A地点からB地点までの道のりは, $2+3=5$ (km)

p.118〜119　第**3**回

1 (1) $y=\dfrac{20}{x}$　　(2) $y=-6x+10$

(3) $y=-0.5x+12$

y が x の 1 次関数であるもの　(2), (3)

2 (1) $\dfrac{5}{6}$　　(2) $y=\dfrac{2}{5}x+2$

(3) $y=-x+3$　　(4) $y=4x-9$

(5) $y=-2x+4$　　(6) $(3,\ -4)$

3 (1) $y=x+3$　　(2) $y=3x-2$

(3) $y=-\dfrac{1}{3}x+3$　　(4) $y=-\dfrac{3}{4}x-\dfrac{9}{4}$

(5) $y=-3$

4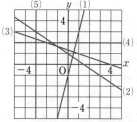

5 (1) 走る速さ…分速 200 m,
　　歩く速さ…分速 50 m

(2)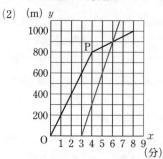

家から 900 m の地点

6 (1) $y=-6x+30$　　(2) $0\leqq y\leqq 30$

◀ 解説 ▶

1 (1) $y=\dfrac{20}{x}$ となり, y は x に反比例している。

2 (1) 1 次関数 $y=ax+b$ では,

(変化の割合)$=\dfrac{（y \text{の増加量}）}{（x \text{の増加量}）}=a$ ←一定

(2) 変化の割合が $\dfrac{2}{5}$ だから, 求める 1 次関数の

式を, $y=\dfrac{2}{5}x+b$ とする。この式に, $x=10$,

$y=6$ を代入して, b の値を求める。

(3) 求める 1 次関数の式を, $y=ax+b$ とする。

$a=\dfrac{-1-5}{4-(-2)}=-1$ だから, $y=-x+b$ に

$x=-2$, $y=5$ を代入すると,

$5=2+b$　$b=3$

したがって, $y=-x+3$

別解

$x=-2$ のとき $y=5$ だから, $5=-2a+b$ …①

$x=4$ のとき $y=-1$ だから, $-1=4a+b$ …②

①と②の組を a, b の連立方程式として解く。

(4) 平行な 2 直線の傾きは等しいので, 傾きが 4
で点 $(2,\ -1)$ を通る直線の式を求める。

(5) 切片は 4, 傾きは $\dfrac{0-4}{2-0}=-2$ となる。

(6) 連立方程式 $\begin{cases} x+y=-1 \\ 3x+2y=1 \end{cases}$ を解く。

3 (1) 傾きが 1 で, 切片が 3 の直線。

(2) 傾きが 3 で, 切片が -2 の直線。

(3) 傾きが $-\dfrac{1}{3}$ で, 切片が 3 の直線。

(4) 2 点 $(-3,\ 0)$, $(1,\ -3)$ を通る直線。

(5) 点 $(0,\ -3)$ を通り, x 軸に平行な直線。

4 (3) $y=0$ のとき $x=4$, $y=1$ のとき $x=1$ な
ので, 2 点 $(4,\ 0)$, $(1,\ 1)$ を通る直線をひく。

(4) $5y=10$　$y=2$ ← x 軸に平行

(5) $4x+12=0$　$4x=-12$　$x=-3$ ← y 軸に平行

5 (1) 走る速さ…$800\div4=200$ より, 分速 200 m
歩く速さ…$(1000-800)\div4=50$ より, 分速 50 m

(2) 兄は, Aさんが出発してから 3 分後には, 家
から 0 m の地点, 4 分後には 300 m の地点に
いるので, 点 $(3,\ 0)$ と点 $(4,\ 300)$ を通る直線を
ひく。点 $(6,\ 900)$ で, Aさんのグラフと交わる。
この交点の y 座標が兄がAさんに追いつく地点
を表している。

6 (1) $\triangle ABP=\dfrac{1}{2}\times AP\times AB$

$=\dfrac{1}{2}\times(AD-PD)\times AB$

なので, $y=\dfrac{1}{2}\times(10-2x)\times6$

したがって, $y=-6x+30$

(2) y が最小のとき, 点 P は A にあり,
このとき $x=5$ より, $y=-6\times5+30=0$
y が最大のとき, 点 P は D にあり,
このとき $x=0$ より, $y=-6\times0+30=30$

p.120～121 ｜ 第**4**回

1 (1) **90°** (2) **55°**

(3) **75°** (4) **60°**

2 △ABC≡△LKJ

2組の辺とその間の角がそれぞれ等しい。

△DEF≡△XVW

3組の辺がそれぞれ等しい。

△GHI≡△PQR

1組の辺とその両端の角がそれぞれ等しい。

3 (1) 2520° (2) 十一角形

(3) 360° (4) 正二十角形

4 (1) 仮定 **AC=DB，∠ACB=∠DBC**

結論 **AB=DC**

(2) ⑦ **BC=CB**

④ 2組の辺とその間の角

⑨ **△ABC≡△DCB**

④ （合同な三角形の）対応する辺は等しい。

③ **AB=DC**

5 △ABD≡△CBD

1組の辺とその両端の角がそれぞれ等しい。

6 △ABC と △DCB で，

仮定から，

AB=DC ……①

∠ABC=∠DCB ……②

共通な辺だから，

BC=CB ……③

①，②，③より，2組の辺とその間の角がそれぞれ等しいから，

△ABC≡△DCB

合同な三角形の対応する辺は等しいから，

AC=DB

━━━━ 解説 ━━━━

1 (1) 右の図のように，ℓ，m に平行な直線をひいて考えるとよい。

$\angle x=59°+31°=90°$

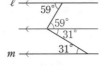

(2) 右の図より，

$30°+45°+\angle x=130°$

$\angle x=55°$

(3) 多角形の外角の和は 360° だから，

$\angle x+110°+108°+67°=360°$ より，$\angle x=75°$

(4) 六角形の内角の和は，

$180°\times(6-2)=720°$

$150°+130°+90°+\angle y$

$+140°+90°=720°$

より，$\angle y=120°$

$\angle x=180°-120°=60°$

2 $\angle PQR=180°-(80°+30°)=70°$ より，

$\angle GHI=\angle PQR$

また，$\angle GIH=\angle PRQ$，HI=QR より，1組の辺とその両端の角がそれぞれ等しいから，

△GHI≡△PQR

3 (1) 十六角形の内角の和は，

$180°\times(16-2)=2520°$

(2) 求める多角形を n 角形とすると，

$180°\times(n-2)=1620°$

これを解くと，$n=11$ より十一角形になる。

(3) 多角形の外角の和は，360° である。

(4) 正多角形の外角の大きさはすべて等しいので，

$360°\div18°=20$ より，正二十角形

4 証明では，仮定から出発し，すでに正しいと認められたことがらを使って，結論を導いていく。仮定「AC=DB，∠ACB=∠DBC」と BC=CB（共通な辺）から，△ABC≡△DCB を導き，「合同な三角形では，対応する辺は等しい」という性質を根拠として，結論「AB=DC」を導く。

5 △ABD≡△CBD の証明は，次のようになる。

△ABD と △CBD で，

仮定より，∠ABD=∠CBD ……①

∠ADB=∠CDB ……②

共通な辺だから，BD=BD ……③

①，②，③より，1組の辺とその両端の角がそれぞれ等しいから，△ABD≡△CBD

6 AC と DB をそれぞれ1辺とする △ABC と △DCB に着目し，それらが合同であることを証明する。合同な三角形の対応する辺の長さが等しいことから，AC=DB がいえる。

┌─ 得点アップの**コツ** ─────────┐

合同な図形の証明では，等しいことがわかっている辺や角に印をつけて考えるとよい。

└──────────────────────────┘

p.122〜123　**第5回**

1 (1)　∠a＝56°　　(2)　∠b＝60°
　　(3)　∠c＝16°　　(4)　∠d＝68°

2 (1)　△ABCで，∠B＋∠C＝60° ならば，
　　　∠A＝120° である。
　　　<u>正しい</u>
　　(2)　a, b を自然数とするとき，$a＋b$ が奇数
　　　ならば，a は奇数，b は偶数である。
　　　<u>正しくない</u>

3 (1)　直角三角形で，斜辺と1つの鋭角がそれ
　　　ぞれ等しい。
　　(2)　**AD**
　　(3)　△DBC と △ECB で，
　　　仮定より，
　　　∠CDB＝∠BEC＝90°　……①
　　　∠DBC＝∠ECB　　　　……②
　　　共通な辺だから，
　　　BC＝CB　　　　　　　　……③
　　　①，②，③から，直角三角形の斜辺と1
　　　つの鋭角がそれぞれ等しいから，
　　　△DBC≡△ECB
　　　合同な三角形の対応する辺は等しいから，
　　　DC＝EB

4 (1), (4), (8), (9)

5 △AEC, △AFC, △DFC

6 (1)　長方形　　(2)　EG⊥HF

7 △AMD と △BME で，
　　仮定より，AM＝BM　……①
　　対頂角は等しいから，
　　∠AMD＝∠BME　……②
　　AD∥EB で，錯角は等しいから，
　　∠MAD＝∠MBE　……③
　　①，②，③から，1組の辺とその両端の角が
　　それぞれ等しいから，△AMD≡△BME
　　合同な三角形の対応する辺は等しいから，
　　AD＝BE　　　　……④
　　また，平行四辺形の対辺は等しいから，
　　AD＝BC　　　　……⑤
　　④，⑤より，BC＝BE

解説

1 (1)　∠a＝(180°−68°)÷2＝56°
　(2)　∠b＋∠b＝2∠b＝120° より，∠b＝60°
　(3)　△ABC は正三角形だから，

∠BAD＝60°＋∠c＝76° より，
∠c＝16°
　(4)　右の図より，
　　2∠d＋44°＝180°
　　これを解いて，∠d＝68°

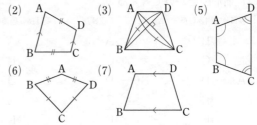

2 (1)　△ABC で，∠B＋∠C＝60° のとき，
　　　∠A＝180°−(∠B＋∠C)＝180°−60°＝120° と
　　　なるので，逆は正しい。
　(2)　a が偶数で b が奇数となる場合もあるので，
　　　逆は正しくない。

3 (1)　△EBC と △DCB で，
　　　仮定より，∠BEC＝∠CDB＝90°　……①
　　　共通な辺だから，BC＝CB　　　　……②
　　　AB＝AC より，△ABC は二等辺三角形だか
　　　ら，∠EBC＝∠DCB　　　　　　……③
　　　①，②，③より，直角三角形の斜辺と1つの鋭
　　　角がそれぞれ等しいから，
　　　△EBC≡△DCB

4 (2), (3), (5), (6), (7)はそれぞれ，次の図のよう
　になる場合があるので，平行四辺形になるとはい
　えない。

(2) (3) (5) (6) (7) 図

(8)　∠A＋∠B＝180° より，AD∥BC
　　∠B＋∠C＝180° より，AB∥DC
　　2組の対辺がそれぞれ平行である。

5　AE∥DC だから，AE を共通な底辺とみて，
　△AED＝△AEC
　EF∥AC だから，AC を共通な底辺とみて，
　△AEC＝△AFC
　AD∥FC だから，FC を共通な底辺とみて，
　△AFC＝△DFC

6 (1)　平行四辺形だから，∠A＝∠C，∠B＝∠D
　　　である。∠A＝∠D とすれば，
　　　∠A＝∠D＝∠B＝∠C で，4つの角がすべて
　　　等しい四角形になる。
　(2)　正方形の対角線は，長さが等しく，垂直に交
　　　わっている。

p.124～125 第**6**回

1 ④

2 $\dfrac{1}{30}$

3 $\dfrac{1}{15}$

4 (1) $\dfrac{1}{4}$　　　　(2) $\dfrac{3}{13}$

　　(3) $\dfrac{4}{13}$　　　　(4) 0

5 $\dfrac{3}{8}$

6 (1) $\dfrac{4}{25}$　　(2) $\dfrac{2}{25}$　　(3) $\dfrac{16}{25}$

7 (1) $\dfrac{5}{18}$　　　　(2) $\dfrac{5}{36}$

　　(3) $\dfrac{1}{3}$　　　　(4) $\dfrac{3}{4}$

8 (1) $\dfrac{3}{7}$　　　　(2) $\dfrac{2}{7}$

9 (1) $\dfrac{1}{3}$　　　　(2) $\dfrac{1}{3}$

◁ 解 説 ▷

2 樹形図をかいて考える。

委員長　副委員長　　委員長　副委員長　　委員長　副委員長

A ← B ○ / C / D / E / F　　B ← A / C / D / E / F　　C ← A / B / D / E / F

委員長　副委員長　　委員長　副委員長　　委員長　副委員長

D ← A / B / C / E / F　　E ← A / B / C / D / F　　F ← A / B / C / D / E

上の樹形図より，30 通りのうち○をつけた 1 通り。

3 順番をつけずに選ぶ場合の数を考える。
{A，B}，{A，C}，{A，D}，{A，E}，{A，F}，
{B，C}，{B，D}，{B，E}，{B，F}，{C，D}，
{C，E}，{C，F}，{D，E}，{D，F}，{E，F} の 15
通り。

4 (1) ハートのカードは 13 枚ある。
　(2) 絵のかいてあるカードは全部で 12 枚あるから，
　　　$\dfrac{12}{52}=\dfrac{3}{13}$

　(3) 6 の約数 1，2，3，6 のカードは 1 つのマーク
　　　について 4 枚だから，全部で 4×4＝16（枚）

　(4) ジョーカーは入っていないので，確率は 0

5 表裏の出方は全部で 8 通り。表が 1 回で裏が 2
　回出る場合は 3 通りである。

6 赤玉を赤₁，赤₂，白玉を白₁，白₂，黒玉を黒とす
　ると，樹形図は下のようになる。

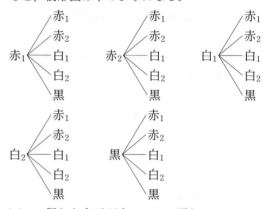

　(1) 2 個とも白玉が出るのは 4 通り。
　(2) はじめに赤玉が出て，次に黒玉が出るのは 2
　　　通り。
　(3) 赤玉が出ないのは 9 通りだから，少なくとも
　　　1 個赤玉が出るのは，25－9＝16（通り）

7 (1) 目の出方は全部
　　　で 36 通り。出る目
　　　の数の和が 9 以上に
　　　なるのは右の表より，
　　　10 通りである。

B A	1	2	3	4	5	6
1	2	3	4	5	6	7
2	3	4	5	6	7	8
3	4	5	6	7	8	9
4	5	6	7	8	9	10
5	6	7	8	9	10	11
6	7	8	9	10	11	12

　(3) 出る目の数の和が
　　　3 の倍数になるのは，
　　　右の表で，3，6，9，12 になるとき。

　(4) 1－（奇数になる確率）で求める。積が奇数に
　　　なるのは，A，B ともに奇数の目が出たとき。

8 (1) くじの引き方は全部で 42 通りあり，この
　　　うち，B が当たる場合は 18 通りある。
　(2) A，B ともにはずれる場合は 12 通りある。

9 できる 2 けたの整数は，13，15，17，31，35，
　37，51，53，57，71，73，75 の 12 通り。
　(1) 3 の倍数は，15，51，57，75 の 4 通りだから
　　　$\dfrac{4}{12}=\dfrac{1}{3}$

　(2) 35 より小さい整数は，13，15，17，31 の 4 通
　　　りだから，$\dfrac{4}{12}=\dfrac{1}{3}$

p.126　第**7**回

1 (1)

	第1四分位数	第2四分位数	第3四分位数	四分位範囲
メロン	12個	14個	15個	3個
すいか	6個	12個	19個	13個

(2)

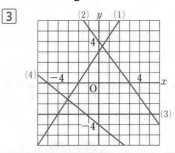

2 (1)　正しくない。

(2)　このデータからはわからない。

(3)　正しい。

(4)　正しくない。

────── 解　説 ──────

1 (1)　メロンは，

10　10　⑫　13　13 │ 15　15　⑮　20　23

第2四分位数は 13 と 15 の平均で，

$$\frac{13+15}{2}=14 \text{(個)}$$

第1四分位数は 12 個

第3四分位数は 15 個

四分位範囲は　15－12＝3（個）

　すいかは，

5　5　⑥　6　10 │ 14　16　⑲　23　25

第2四分位数は 10 と 14 の平均で，

$$\frac{10+14}{2}=12 \text{(個)}$$

第1四分位数は 6 個

第3四分位数は 19 個

四分位範囲は　19－6＝13（個）

2 (1)　A県の最大値は 160 日だから，正しくない。

(2)　この箱ひげ図からは，中央値は 120 日とわかるが，平均値はわからない。

(3)　範囲は，A県が 60 日，B県が 70 日，四分位範囲は，A県が 30 日，B県が 40 日だから，正しい。

(4)　A県の第2四分位数は 130 日だから，50％以上の年で，130 日以上雨が降ったが，B県は第3四分位数が 130 日だから，130 日以上雨が降った年が 50％以上とはならない。

p.127　第**8**回

1 (1)　$12x-18y$　　　(2)　$-4x-10y$

(3)　$-28b^3$

(4)　$\dfrac{13x+7y}{10}$ $\left(\dfrac{13}{10}x+\dfrac{7}{10}y\right)$

(5)　$x=-2,\ y=5$

(6)　$x=3,\ y=1$

2 (1)　-1　　　(2)　$y=3x+14$

(3)　$y=\dfrac{3}{2}x-3$

3

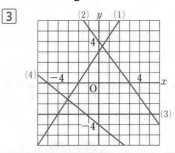

────── 解　説 ──────

1 (1)　$(10x-15y)\div\dfrac{5}{6}$

$$=(10x-15y)\times\dfrac{6}{5}$$

$$=10x\times\dfrac{6}{5}-15y\times\dfrac{6}{5}$$

$$=12x-18y$$

(2)　$3(2x-4y)-2(5x-y)$

$$=6x-12y-10x+2y$$

$$=-4x-10y$$

(3)　$(-7b)\times(-2b)^2$

$$=-7b\times4b^2$$

$$=-28b^3$$

(4)　$\dfrac{3x-y}{2}-\dfrac{x-6y}{5}$

$$=\dfrac{5(3x-y)-2(x-6y)}{10}$$

$$=\dfrac{15x-5y-2x+12y}{10}$$

$$=\dfrac{13x+7y}{10}\left(=\dfrac{13}{10}x+\dfrac{7}{10}y\right)$$

(5)　上の式を①，下の式を②とする。

①　　　　$3x+4y=14$

②　$+)-3x+\ y=11$

　　　　　　　$5y=25$

　　　　　　　$y=\ 5$

$y=5$ を①に代入すると，

　　$3x+4\times5=14$　　$x=-2$

(6) $\begin{cases} 0.3x+0.2y=1.1 & \cdots\cdots① \\ 0.04x-0.02y=0.1 & \cdots\cdots② \end{cases}$

①×10　　$3x+2y=11$

②×100　$4x-2y=10$

2 (1) $9a^2b \div 6ab \times 10b = \dfrac{9a^2b \times 10b}{6ab}$

$\qquad\qquad\qquad\qquad\quad =15ab$

この式に a, b の値を代入する。

(2) 2点 $(-5, -1)$, $(-2, 8)$ を通るから, 傾き

は, $\dfrac{8-(-1)}{-2-(-5)}=3$

したがって, 求める直線の式は $y=3x+b$ と

表すことができる。

(3) 直線 $y=\dfrac{3}{2}x+5$ に平行だから, 求める直線

の式は $y=\dfrac{3}{2}x+b$ と表すことができる。

3 (1) 2点 $(0, 3)$, $(-2, 0)$ を通る直線。

(3) 変形すると, $y=-3$ となる。

---

p.128 第**9**回

1 (1) **120°**　　(2) **94°**　　(3) **135°**

2 ㋐ **DE**　　　㋑ **CE**　　　㋒ **対頂角**

　　㋓ **2組の辺とその間の角**

　　㋔ **対応する角の大きさ**

　　㋕ **錯角**

3 $\dfrac{3}{8}$

4 $\dfrac{11}{12}$

◀ 解 説 ▶

1 (1) 右の図で,

$\angle a=40°+80°=120°$

$\ell \parallel m$ だから,

$\angle x=\angle a=120°$

(2) 右の図で,

$\angle a=360°-(85°+82°$

$\qquad\qquad +107°)$

$\qquad =86°$

$\angle x=180°-86°$

$\qquad =94°$

---

(3) 右の図のように2つ
の三角形に分けて考え
ると,

$\angle x=(30°+\,\bullet\,)$

$\qquad +(41°+\,\circ\,)$

$\qquad =71°+\bullet+\circ$

$\bullet+\circ=64°$ より,

$\angle x$ の大きさを求める。

$\angle x=71°+64°$

$\qquad =135°$

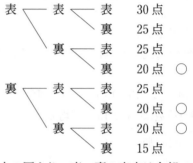

3 樹形図をかいて考える。

```
1回目　2回目　3回目
表 ── 表 ── 表　　30点
         └── 裏　　25点
    └── 裏 ── 表　　25点
         └── 裏　　20点　○
裏 ── 表 ── 表　　25点
         └── 裏　　20点　○
    └── 裏 ── 表　　20点　○
         └── 裏　　15点
```

上の図より, 表, 裏の出方は全部で8通りあり,
合計得点が20点となる場合は, 1回だけ表が出
る場合 (図の○印) で,

(表, 裏, 裏), (裏, 表, 裏), (裏, 裏, 表)の3通
りあるから,

求める確率は, $\dfrac{3}{8}$ である。

4 2つのさいころの目の出方は全部で,

$6 \times 6=36$ (通り)

2つのさいころをA, Bとし, 出る目の数の和が
11以上になる場合を考えると,

　$(A, B)=(5, 6), (6, 5), (6, 6)$

の3通り。

よって, 出る目の数の和が10以下になる場合
は, $36-3=33$ (通り)。

したがって, 求める確率は,

$\dfrac{33}{36}=\dfrac{11}{12}$

別解 出る目の数の和が11以上になる確率は

$\dfrac{3}{36}=\dfrac{1}{12}$ だから,

$1-\dfrac{1}{12}=\dfrac{11}{12}$ と求めてもよい。

教科書ワーク 数学 特別ふろく ②

無料ダウンロード
定期テスト対策問題

こちらにアクセスして，表紙カバーについているアクセスコードを入力してご利用ください。
https://www.kyokashowork.jp/ma11.html

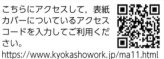

---

1 実力テスト

数学1年		中学教科書ワーク付録　定期テスト対策問題　文理
実力テスト 基本	1章　正負の数 ❶正負の数，加法と減法	20分　得点　点

1 次の問いに答えなさい。　【10点×2＝20点】

(1) −4，+0.6，0，−2，+3，+$\frac{1}{4}$，−0.6 の7つの数について，絶対値がいちばん小さい数といちばん大きい数をそれぞれ答えなさい。

　　　　　　　　　　　小さい数　　　大きい数

(2) 右の数を小さいほうから順に並べなさい。　−3，+8，0，−9

2 次の計算をしなさい。　【10点×8＝80点】

(1) 11+(−4)　　　　　　　(2) −27+13

基本・標準・発展の3段階構成で無理なくレベルアップできる！

数学1年		中学教科書ワーク付録　定期テスト対策問題　文理
実力テスト 発展	1章　正負の数 ❶正負の数，加法と減法	30分　得点　点

1 次の問いに答えなさい。　【20点×3＝60点】

(1) 右の数の大小を，不等号を使って表しなさい。　　−$\frac{1}{2}$，−$\frac{1}{3}$，−$\frac{1}{5}$

（近畿大附広島高）

数学1年		中学教科書ワーク付録　定期テスト対策問題　文理
実力テスト 標準	1章　正負の数 ❶正負の数，加法と減法	25分　得点　点

1 次の問いに答えなさい。　【10点×2＝20点】

(1) 絶対値が3より小さい整数をすべて求めなさい。

(2) 数直線上で，−2からの距離が5である数を求めなさい。

　　の人口の変化は
　　，人口の変化は
　　（滋賀）

2 次の計算をしなさい。　【10点×a＝60点】

(1) −6+(−15)　　　　(2) −$\frac{2}{5}$−(−$\frac{1}{2}$)（栃木）

---

2 観点別評価テスト

数学1年		中学教科書ワーク付録　定期テスト対策問題　文理
第 **1** 回	観点別評価テスト ◉答えは，別紙の解答用紙に書きなさい。	40分

📖 主体的に学習に取り組む態度

❶ 次の問いに答えなさい。

(1) 交換法則や結合法則を使って正負の数の計算の順序を変えることに関して，正しいものを次から1つ選んで記号で答えなさい。

ア　正負の数の計算をするときは，計算の順序をくふうして計算しやすくできる。

イ　正負の数の加法の計算をするときだけ，計算の順序を変えてもよい。

ウ　正負の数の乗法の計算をするときだけ，計算の順序を変えてもよい。

エ　正負の数の計算をするときは，計算の順序を変えるようなことをしてはいけない。

(2) 電卓の使用に関して，正しいものを次から1つ選んで記号で答えなさい。

ア　数学や理科などの計算問題は電卓をどんどん使ったほうがよい。

イ　電卓は会社や家庭で使うものなので，学校で使ってはいけない。

ウ　電卓の利用が有効な問題のときは，先生の指示にしたがって使ってもよい。

📖 思考力・判断力・表現力等

❸ 次の問いに答えなさい。

(1) 次の各組の数の大小を，不等号を使って表しなさい。

① −$\frac{3}{4}$，−$\frac{2}{3}$　　② −$\frac{2}{3}$，$\frac{1}{4}$，−$\frac{1}{2}$

(2) 絶対値が4より小さい整数を，小さいほ順に答えなさい。

(3) 次の数について，下の問いに答えなさい。
−$\frac{1}{4}$，0，$\frac{1}{5}$，1.70，−$\frac{13}{5}$，$\frac{7}{4}$

① 小さいほうから3番目の数を答えなさい。

② 絶対値の大きいほうから3番目の数を答えなさい。

📖 思考力・判断力・表現力等

❹ 次の問いに答えなさい。

(1) 次の数量を，文字を使った式で表しなさい。

観点別評価にも対応。苦手なところを克服しよう！

解答用紙が別だから，テストの練習になるよ。

数学1年	中学教科書ワーク付録　定期テスト対策問題　文理
第**1**回 観点別評価テスト	解答用紙

| **❶** 【5点×2】 | 📖 主体的に学習に取り組む態度 | /10 |
| **❻** 【5点×5】 | 📖 知識・技能 | /15 |

| **❷** 【5点×3】 | 📖 主体的に学習に取り組む態度 | /10 |
| **❼** 【3点×5】 | 📖 知識・技能 | /15 |

| **❸** 【2点×5】 | 📖 思考力・判断力・表現力等 | /10 |
| **❽** 【3点×5】 | 📖 知識・技能 | /15 |

| **❹** 【3点×5】 | 📖 思考力・判断力・表現力等 | /15 |
| **❺** 【2点×5】 | 📖 知識・技能 | /10 |

大問	観点	得点	評価基準の例
❶・❷	主体的に学習に取り組む態度	/25	A…20点以上 B…6～19点 C…0～5点
❸・❹	思考力・判断力・表現力等	/25	A…20点以上 B…6～19点 C…0～5点
	知識・技能	/50	A…20点以上 B…6～19点 C…0～5点